Schnupperkurs Agility

Ein Leitfaden für Hundetrainer

© 2014 KYNOS VERLAG Dr. Dieter Fleig GmbH
Konrad-Zuse-Straße 3, D-54552 Nerdlen/Daun
Telefon: 06592 957389-0
Telefax: 06592 957389-20
www.kynos-verlag.de

Grafik & Layout: Kynos Verlag
Gedruckt in Lettland

ISBN 978-3-95464-013-3

Bildnachweis:
Melanie Clerc: 25 - 26; 29; 31; 81; 98 - 99, 101; 105 o.
Claudia De Angelis: S. 19; 35; 50; 55; 58; 60; 62; 65; 67; 69; 75 - 76; 78; 80; 83; 88 - 90; 92 - 95
Dr. Anna Eckers: S. 14; 20
Johanna Frerichmann: S. 97
Karsten Guhrmann: S. 107
Jan Kehrl: S. 11; 38; 44; 57; 66; 68; 71; 73; 84 - 86; 96; 103; 106
Thorsten Kullwitz: 39
Vivien Meyer: S. 47; 79; 105 u.
Julla Pätynen: S. 12
Janina Reinecke: S. 16

Mit dem Kauf dieses Buches unterstützen Sie die
Kynos Stiftung Hunde helfen Menschen
www.kynos-stiftung.de

Inhaltsverzeichnis

Über die Autorin

Kirsten Brox wuchs im ländlichen Westfalen mit Hunden und Pferden auf. Als Abiturientin fand sie mit ihrem ersten eigenen Hund zum Hundesport. Während der Studienzeit wurde daraus ein Hobby und nach den ersten Turniererfolgen 1995 eine Leidenschaft.

Im Vereinstraining, bei Anfängerkursen und bei Seminaren unterrichtet sie seitdem viele unterschiedliche Mensch-Hund-Teams. Sie engagiert sich in Vorständen und Gremien und startete 1999 den bis heute gut besuchten Blog www.agilityspass.de. 2002 beendete sie erfolgreich die Ausbildung zur Agility Leistungsrichterin. Gemeinsam mit dem Messe- und Congresszentrum Münster entwickelte und betreut sie die Mitmachmesse „Doglive“ und das Konzept einer hundesportlichen Abendgala.

Im Frühjahr 2012 erschien ihr „Trainingsbuch Agility“. Publiziert unter einer freien Lizenz errang das Werk den neuen Buchpreis. Dieser Preis wird vom Tagesspiegel, ZEIT ONLINE, Stiftung Lesen und epubli ausgelobt. Die Jury urteilte: "Das Buch überzeugt in den Beschreibungen und Illustrationen. Es ist passgenau für einen anspruchsvollen Markt gemacht."

Kirsten Brox ist verheiratet und lebt heute mit vielen Hunden noch immer im Grünen.

Agility?

Die Idee zu diesem Buch kam im Regen.

Stellen Sie sich vor, Sie stehen im Platzregen auf einer Wiese, um Sie herum einige bunt bemalte Holzgeräte und über einhundert Menschen mit unterschiedlichen Hunden. Sie stehen in der Mitte und sehen konzentriert einem dieser Menschen zu, der seinen Hund über die Geräte lotst. Das Wasser läuft Ihnen vom Nacken bis auf den Rücken und steigt in den Schuhen langsam hoch, weil Sie schon mehrere Stunden dort im Regen stehen. Haben Sie das Bild im Kopf? Es klingt ungemütlich?

Jetzt kommt der Teil, der dieses Buch veranlasst hat! Nach etwas über dreißig Sekunden landet der Hund des Menschen hinter der letzten Hürde und beide, Hund wie Mensch, drehen daraufhin komplett durch. Der Mensch quietscht vor Vergnügen, reißt die Arme in die Luft und umarmt mit Tränen in den Augen seinen Hund. Dieser wiederum springt in Kapriolen um den Zweibeiner herum, bis sich schließlich beide im Matsch auf dem Boden rollen.

Da stand ich als Richterin im strömenden Regen und sah gerührt diesem Team zu. Nach jahrelangem Training und etlichen Rückschlägen konnten die beiden auf diesem Turnier beweisen, was sie gelernt hatten. Dabei dachte ich: „Wie verrückt sind wir alle, um bei solchem Wetter Hunderte von Kilometern anzureisen und einen Zehnstundentag in Kauf zu nehmen. Für eine halbe Minute? Warum tun wir uns das an?" Die Antwort ist einfach und lautet: Agility ist etwas ganz Besonderes!

Agility ist Hundesport. Idealer Hundesport soll Hund und Mensch körperlich auslasten, aber dabei gesund sein. Er soll die grauen Zellen anregen, und zwar die beider Teampartner. Der Mensch kommt dabei mit anderen Hundenarren in Kontakt, zusätzlich soll der Sport Möglichkeit genug bieten, über Taktik, Strategie und Trainingsmethoden zu fachsimpeln. Eine Art vergleichbarer Wettbewerb wird als Zusatzreiz gesehen und das Allerwichtigste: Der gewählte Sport muss Hund und Mensch gleichermaßen Spaß machen!

Wer begeisterte Agilitysportler beim Training, bei Seminaren oder auf Turnieren gesehen hat, weiß, dass Agility alle diese Anforderungen auf unnachahmliche Weise erfüllt. Man trifft ambitionierte Sportler mit wendigen Hunden, die gemeinsam athletische Meisterleistungen auf den Parcours zaubern. Andere Freunde dieses Sports freuen sich über ganz andere Fortschritte, zum Beispiel, dass der Hund größere Distanzen alleine abarbeiten kann oder dass der bisher furchtbar ängstliche Hausgenosse plötzlich auf Spaziergängen viel souveräner wirkt.

Für so manchen fing eine Turnierkarriere mit einem Start „nur mal zum Ausprobieren" auf dem eigenen Hundeplatz an, und endete mit einer Sucht, die keine Begrenzung in Entfernung, Wetterbedingungen oder alternativen Freizeitterminen mehr findet.

Alle gemeinsam können am Tisch sitzen, rund um einen Parcoursplan, und sich stundenlang die Köpfe darüber heiß reden, ob ein Wechsel an einer Stelle besser belgisch oder französisch gemacht werden sollte und warum, verflixt noch einmal, der Hund das Rot-Grün auf dem Turnier nicht so zeigt, wie daheim.

Sie finden das klingt recht spannend, verstehen aber kein Wort? Warten Sie nur ab! Wenn Sie erst den Kurs in diesem Buch absolviert oder geleitet haben, werden Sie unheilbar infiziert sein mit diesem wunderbaren Virus, der süchtig nach bunten Geräten macht.

Kaufen Sie sich schon mal eine gute Regenjacke!

Kursinhalt

In diesem Buch gehe ich von Hunden aus, die noch keinen Kontakt mit Agility hatten. Wo fangen wir an? Wie viel ist machbar?

Die Vorstellungen der Kursteilnehmer unterscheiden sich erfahrungsgemäß von dem, was zu schaffen ist. Die Teilnehmer kennen Agility aus Zeitschriften, dem Fernsehen oder haben ein Turnier besucht. Dabei haben sie Hunde und Menschen gesehen, die schon seit Jahren trainieren. Nun möchten sie natürlich gern am Ende des Kurses auch, wenigstens ansatzweise, so etwas erreichen.

Dabei wird unterschätzt, dass am Anfang vieles schwierig ist. Der Hund kennt die Geräte nicht oder hat vielleicht sogar Angst vor manchen Situationen, die auf ihn zukommen. Der Hundebesitzer weiß wenig oder nichts über die Theorie dieses Sports. Er weiß nicht, wann er mit welcher Hand und welchem Kommando am besten unterstützt und er ahnt nicht einmal, wie kompliziert es sein kann, rückwärts-seitwärts zu laufen, dabei den Arm zu wechseln und den Hund, wie auch die Geräte, im Auge zu behalten.

Problem beim reinen Parcourstraining

Als ich vor vielen Jahren Anfänger zu trainieren begann, habe ich trotzdem versucht, von vornherein ein wenig von allem zu vermitteln. Ich dachte, es würde die Neugier auf den Sport vergrößern und ein besseres Gefühl geben, wohin die Reise geht. Ich habe versucht, Hürdenreihen aufzubauen oder einen Kreis mit Tunneln und Sprüngen, um darin das Wechseln der Richtung zu üben. Das Ergebnis war ernüchternd. Nach dem Kurs hatten die Teilnehmer sehr viele Eindrücke, aber nichts war so weit entwickelt, dass es wirklich Begeisterung hervorrief. Frust für mich als Trainer.

Problem beim reinen Einzelgerätetraining

Danach habe ich umstrukturiert und radikal abgespeckt. Jetzt sollte es nur noch Einzelgeräte geben. Ganz solide Basisübungen und keinerlei Arbeit in Sequenzen. Am Ende dieser Kurse hatten die Teilnehmer tatsächlich die erhofften Grundlagen. Ich als Trainer war rundum zufrieden mit der guten Basisausbildung an den Geräten, auf der die Hunde später aufbauen könnten. Aber nun waren die Hundehalter unzufrieden. Das eintönige Arbeiten an Einzelgeräten war ihnen zu wenig. So kam es zu oft dazu, dass die Teilnehmer erst gar nicht weitermachten und die schöne Grundlage verpuffte.

Sehr kurze, immer gleichartige Übungen und das Fehlen von all dem, was man mit Agility verband, weckten die Frage: „Können wir nicht wenigstens mal zwei oder drei Geräte hintereinander ...?" Das Problem dabei ist: Bei solchen Experimenten klappt oft der Anfang und am Schluss passiert ein Fehler. Das führt zu wenig Möglichkeiten der Bestätigung. Trotz guter Übung an Gerät „Eins" und „Zwei", würde wegen des Fehlers bei „Drei" nicht belohnt, sondern korrigiert. Das Ergebnis: Frust für die Hunde.

Die Lösung

Bis vor einigen Jahren kam ich aus dieser Misere nicht heraus. Doch dann kam mir ein Gedanke, der von Anfang an gut funktionierte. In meinem Schnupperkurs vermittele ich weiterhin Geräte nur als Einzelaufgaben. Alles wird genau so solide aufgebaut, wie oben beschrieben. Die Stunden würze ich jedoch durch kleine Spiele und Führübungen ohne Geräte. Insbesondere diese Führübungen können die Teilnehmer auch intensiv zu Hause weiter trainieren. So kombiniere ich Parcoursarbeit mit Gerätetechnik. Das ist die Lösung, die ich in diesem Buch präsentiere. Mit diesem Kurs bleibt der Frust auf allen Seiten aus.

Lernkonzept

Die Methode, die ich verwende, nenne ich die Idealbildmethode. Eigentlich ist sie nichts Neues. Sicher haben Sie sie schon viele Male unbewusst verwendet. Im Folgenden erkläre ich, worauf es mir dabei ankommt.

Am Anfang jeder Aufgabe steht eine **konkrete Vorstellung** dessen, was am Ende erreicht werden soll. Als Beispiel für dieses Kapitel soll folgende Situation dienen: Der Hund sitzt neben Ihnen und soll sich hinlegen. Wie sähe da das Idealbild aus? „Der Hund legt sich hin." Nein! Viel zu ungenau. Das ist es nicht, was trainiert werden soll.

„Der Hund legt sich schnell und gerade hin?" Besser, aber noch lange nicht ausreichend. Bei der Formulierung des Ziels kommt es auf jedes Detail an. Wer nicht weiß, was er eigentlich üben möchte, kann niemals erfolgreich sein.

Ein guter Ansatz wäre: „Ich gebe das Kommando ‚Platz'. Sofort danach springt der Hund mit beiden Vorderpfoten in die Luft, streckt sie gerade nach vorn und landet blitzschnell in einer Sphinxposition, mit dem Bauch am Boden, gerade neben mir. Er bleibt so, bis ich etwas Neues kommandiere." Da ist es, das Idealbild, das Lernziel. Da wollen Sie hin!

Im zweiten Schritt wird diese Beschreibung **in einzelne Anforderungen zerlegt**. Zunächst bringen Sie dem Hund bei, sich hinzulegen. Wenn der Hund dieser ersten Anforderung zuverlässig Folge leistet, dann verlangen Sie mehr: Er legt sich beidpfotig hin. Wenn das klappt, wollen Sie, dass er sich blitzschnell hinlegt. Danach wird nur noch belohnt, wenn er ganz exakt mittig wie eine Sphinx liegt. Und zum Schluss bauen Sie den Zeitraum aus, in dem er diese gespannte Haltung beibehält.

Außerdem üben Sie **in vielen Variationen**, also mit unterschiedlichen Untergründen, an verschiedenen Orten, mit Ablenkungen und so weiter. Der Hund begreift dadurch, dass die Ausführung dieses Kommandos nicht von solchen Faktoren abhängig ist. Man sagt: Er generalisiert.

Dabei ist der beliebteste und häufigste Fehler das überstürzte Wechseln in die nächste Aufgabe, obwohl der Hund die vorige nur grob erfasst hat. Als Schutz vor dem eigenen Eifer baue ich deshalb gern **Erfolgskontrollen** ein. Für Autodidakten können das Videoaufnahmen sein, in denen genau das Verhalten zu sehen ist, das als Teilziel formuliert wurde. Kann so ein Video nicht zuverlässig aufgenommen werden, zum Beispiel weil der Hund doch nur jedes dritte Mal richtig reagiert, dann ist es noch zu früh, zum nächsten Schritt zu gehen. In diesem Buch und dem Schnupperkurs obliegt diese Kontrollfunktion dem Trainer. Er sollte die erfolgreichen Teilschritte kontrollieren und die weiteren Übungen danach dosieren.

Welche Schritte und wie Sie die Schritte beibringen, erkläre ich bei den jeweiligen Übungen natürlich ganz genau. Manchmal kann die **Reihenfolge der Lernschritte** abgewandelt werden. Vielleicht versuchen Sie erst am Tempo zu optimieren und dadurch kommt der Hund selbstständig auf den Handlungseinfall, beide Pfoten nach vorne zu reißen. Auch die Art, wie das jeweilige Verhalten hervorgerufen wird, kann abgewandelt werden. Der eine bringt dem Hund bei, auf Kommando mit den Pfoten in die Luft zu hüpfen und lässt ihn dann ins „Platz" springen, so wie Nina Miodragovic im empfehlenswerten Obedience Buch *So denkt Ihr Hund mit*[1]. Der Nächste macht eine ruckartige Handbewegung mit einem Motivationsobjekt, sodass der Hund mit den Pfoten danach springt und der Dritte hat wieder eine ganz andere Idee.

Jeder Hund und jeder Lernprozess ist individuell. Der Weg, den ich jeweils beschreibe, funktioniert deshalb für viele Teams, aber nie für alle. Wenn es hier und da nicht weiter geht, müssen deshalb genau diese Überlegungen her. Was will ich erreichen? Welche Teilschritte habe ich mir überlegt? In welcher Reihenfolge vermittele ich sie? Wie kann ich das Wunschverhalten anders hervorrufen?

Perfektion?

Warum sollen Sie überhaupt bis zur Perfektion üben? Reicht es nicht, wenn der Hund die Aufgabe grundsätzlich verstanden hat? Vielfach sträuben sich Anfänger vor allem, was irgendwie nach Ehrgeiz riecht. „Wir machen das ja nur zum Spaß", ist das Lieblingsargument. Allerdings ist das Lernverhalten von Hunden anders organisiert. Sie lernen nur, wenn es

1 Nina Miodragovic, *So denkt Ihr Hund mit.* Müller Rüschlikon, 2005.

klare Vorgaben gibt und sie brauchen zum Erfolg möglichst **deutliche Unterschiede zwischen richtig und falsch**. Folgende Beschreibung verdeutlicht unser Dilemma.

Einfach für den Hund ist: „Das Sofa ist verboten."

Schwierig ist: „Das Sofa ist verboten, außer wenn die Hundedecke darauf liegt."

Aber unmöglich ist: „Das Sofa ist verboten, wenn du schmutzige Füße hast."

Aber könnten Sie sich nicht klar umrissene, weniger ehrgeizige Ziele setzen? Natürlich. Sie könnten dem Hund beibringen, sich irgendwie hinzulegen. Die Formulierung wäre eventuell: „Der Bauch soll den Boden berühren." Das ist nicht weniger schwarz-weiß als das „Platz", das ich oben beschrieben habe.

Doch beim Agility passiert es erfreulicherweise oft, dass die Teams in der Anfängerphase Blut lecken und dieses Hobby sich zur Leidenschaft auswächst. Dann wird das anfangs so vehement bestrittene Ziel, ein Agilityturnier besuchen, plötzlich doch verlockend. Und dann kann der Hund „ein bisschen Agility". Aus jahrzehntelanger Erfahrung weiß ich, dass es deutlich schwieriger ist, etwas umzulernen, als es von Anfang an richtig zu machen.

Es gibt noch ein zweites, viel wichtigeres Argument für die Perfektion. Fast alle Vorgaben, von der Geschwindigkeit abgesehen, sind beim Agility aus Gründen der **Sicherheit** gemacht. Der Hund muss die Kontaktzonengeräte unten berühren, weil es ungesund ist, von oben herunterzuspringen. Ebensolche Überlegungen haben die Abstände, die Bauart der Geräte und die Parcoursgestaltung bestimmt und das ist gut und richtig. Wer Agility nur hobbymäßig betreiben möchte, kann das genauso gut ambitioniert und mit Zielen tun. Seine Ziele sind nur andere.

Er möchte vielleicht nicht in höhere Klassen aufsteigen, Turniere gewinnen oder

zu Meisterschaften fahren. Er möchte beispielsweise, dass sein Hund den schwierigen Slalomeingang allein meistern lernt. Ganz für sich selbst. Das ist total legitim. Nicht akzeptabel ist nur, wenn man die Regeln so verbiegt, dass all die Dinge, die zum Schutz des Vierbeiners erfunden wurden, ignoriert werden und stattdessen der Hund auf unsicheren Geräten gefährliche Manöver absolviert.

Und, um diesen Gedanken zu Ende zu führen: Erfolgreich nach den Regeln Agility betreiben, sei es auf Wettbewerben oder im Garten, macht tausend Mal mehr Spaß, als dem Hund beizubringen, wie er über einen Besenstiel springt.

Agility ist auch ohne Turniere toll.

Vorbereitung

Bevor ich den eigentlichen Kurs im Detail beschreibe, trage ich in diesem Kapitel alle Informationen zusammen, die für Sie als Trainer vor Kursbeginn wichtig sind. All diese Fakten sind auch nötig, um mögliche Teilnehmer zum Kurs einzuladen. Für die Autodidakten wird es jetzt Zeit, sich Gedanken um die Logistik zu machen:
Wo haben Sie Zugriff auf geeignete Geräte, Mitstreiter und was benötigen Sie noch?

Gruppenaufteilung

Im Schnupperkurs gruppiere ich Anfänger ohne Vorkenntnisse zusammen. In das Konzept passen auch Teams, die schon einmal angefangen haben, aber mit dem Ergebnis nicht zufrieden waren und einen Neuaufbau planen.

Bei fortgeschrittenen Trainingsgruppen spielt die **Größe der Hunde** eine wesentliche Rolle. Wenn die Zusammenstellung ungünstig ist, verbringt die Gruppe einen wertvollen Teil der Trainingszeit mit der Anpassung der Gerätehöhen. Hier im Schnupperkurs ist das erfreulicherweise nicht wichtig. Alle Anfängerhunde können auf einer Höhe gemeinsam üben. Als Trainer werden Sie bemerken, dass die Teilnehmer gern selbst in die schon beschriebene Falle tappen und die Schritte abkürzen oder beschleunigen wollen. Sie möchten schon im Anfängerkurs die Hürden höher stellen. Sie werden auch darum bitten, Sequenzen laufen zu dürfen.

Es ist wichtig, den Wunsch dahinter zu erkennen. Ehrgeiz und das Bestreben besser zu werden, gehören zum Sport. Aber es ist wichtig, diesen Wunsch gut zu kanalisieren. Mit einfachen Vorgaben, wie zum Beispiel dem erfolgreichen Absolvieren von Zwischentests, kann der Hundebesitzer seinen Lernweg transparent nachvollziehen. Die Lernenden müssen wissen, welche Zwischenschritte zu welchen Zielen führen werden und wo auf dieser Strecke sie sich befinden.

Um den zukünftigen Teilnehmern möglichst gut zu helfen, gibt es passend zu diesem Buch ein **Trainingstagebuch** für die Kursteilnehmer (s.S. 110). Darin können sie sich Notizen machen, haben die wichtigsten Informationen und Anleitungen zusammen und haben später eine schöne Erinnerung an ihren Einstieg.

Ein wesentlicher Faktor für den Erfolg des Schnupperkurses ist die **Gruppengröße**. Die Durchgänge innerhalb einer Trainingseinheit benötigen in Anfängerkursen mehr Zeit, als wenn Fortgeschrittene oder Wettkampfteams üben. Das hat verschiedene Ursachen. Unerfahrene Teilnehmer müssen zunächst das Prinzip verstehen und lernen, ihre Vorbereitungen so abzustimmen, dass sie zur richtigen Zeit mit dem Leckerchen oder Spielzeug bewaffnet am Start stehen.

Unerfahrene Hunde lassen sich gern ablenken. Es ist nicht ungewöhnlich und auch kein Problem, wenn Hunde in Anfängergruppen ausbrechen und aus purer Lust eine große Runde über den Platz rennen. Allerdings kostet auch das Zeit.

Größere Gruppen bringen grundsätzlich mehr Unruhe mit sich. Teilnehmer unterhalten sich und die Hunde lenken sich ebenfalls gegenseitig ab. Zu kleine Gruppen sind ungünstig, weil die Teilnehmer zu wenig Zeit haben, ihre Hunde zu bestätigen und sich auf den nächsten Durchgang vorzubereiten. Für einen Trainer, dem am besten noch eine Hilfsperson zur Verfügung steht, haben sich vier bis sechs Hunde bewährt.

Die **Trainingsdauer** beträgt dann etwa ein bis eineinhalb Stunden. Das ist für unerfahrene Hunde und deren Besitzer auch das Maximum. Länger können sie sich am Stück noch nicht konzentrieren. Selbstverständlich können mehrere Gruppen zur gleichen Zeit trainieren.

Die Vorzeichen stehen völlig anders, wenn Sie für sich ein **Einzeltraining** planen. Dann steht in aller Regel viel Zeit zur Verfügung für alle Übungen, Belohnungen und Besprechungen mit einem Begleiter. Ganz allein sollten Sie nur im äußersten Notfall üben. Ein Begleiter sollte Sie beobachten, um Fehler zu erkennen und um wichtige Lernschritte auf Video festzuhalten.

Besser ist, wenn Sie weitere Mitstreiter finden. Gemeinsam mit ihnen können Sie das Konzept genau so abarbeiten, wie ich es hier für Vereine und Hundeschulen beschreibe. Das hat zusätzlich den Vorteil, das Agility in der Gruppe gleich doppelt Spaß macht.

Dieser Schnupperkurs beinhaltet den Infoabend, zehn Übungsabende und einen

Abschluss. Er umfasst also einen Zeitraum von insgesamt zwölf Wochen. Mehr als eine Übungseinheit pro Woche scheint mir weniger sinnvoll, denn die Teilnehmer müssen zu Hause gewisse Dinge üben und sollten auch einige Tage dafür zur Verfügung haben. Weniger als wöchentlich ist ebenfalls nicht optimal, denn in der Lernphase sollten die Einheiten nicht zu weit auseinanderklaffen. Sonst verblasst das neue Wissen, bevor darauf aufgebaut werden kann.

Nach längeren ausgesparten Pausen, zum Beispiel weil die Ferienzeit trainingsfrei ist, kann eine Wiederholungsstunde zusätzlich eingeplant werden, damit das bisher Gelernte aufgefrischt wird.

Ausrüstung

Für das Abhalten des Kurses wird ein kompletter Agilityparcours gebraucht. Im Einzelnen sind das: A-Wand, Laufsteg, Wippe, Gassenslalom (vergleiche Skizze unten), Tisch, Hürde, Weitsprung, Reifen, Tunnel, Stofftunnel, Marker und einige Hundenäpfe. Wie die Agilitygeräte genau aussehen und welche Maße sie haben, lässt sich im gültigen Regelwerk zum Beispiel auf der Webseite des VDH (Verband deutsches Hundewesen)[2] nachsehen.

Grundsätzlich gilt, dass alle Geräte standfest sein müssen und natürlich nirgendwo scharfe Kanten aufweisen sollten. Einem

Bauanleitung für einen Gassenslalom. (Abbildung zeigt eine Seite der Gasse. Draufsicht s.S. 37)

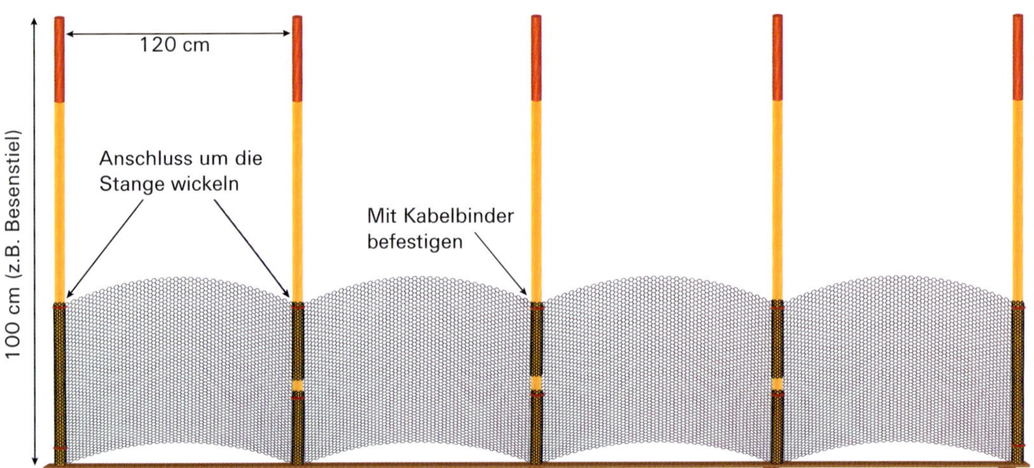

Grün ummantelter Kaninchendraht ca. 50 cm hoch. Anschluss jeweils unten links und oben rechts stehen lassen, um es um die Stangen wickeln zu können. Anschließend mit Kabelbinder befestigen.

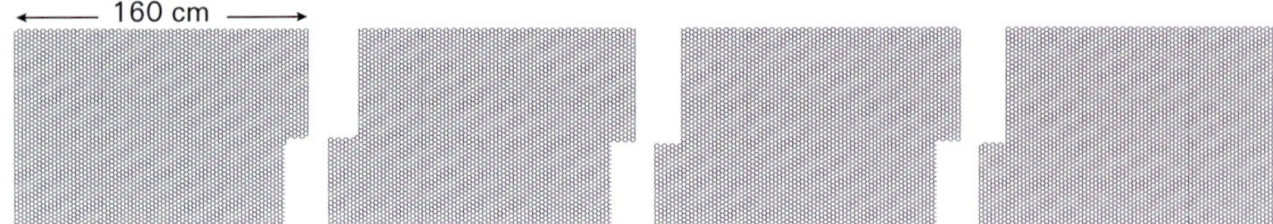

[2] http://www.vdh.de/

unsicheren Anfängerhund Vertrauen in die Wippe beizubringen ist knifflig. Das allerdings mit einem altersschwachen und in alle Richtungen schaukelnden Brett zu machen, funktioniert nicht. Stabile und solide Geräte sind zwingend erforderlich.

Außerdem werden die Geräte im kompletten Kurs niedriger aufgebaut, als sie später im Turnier sein werden. Die Hürde ist maximal hundebrusthoch, der Tisch ist für alle Hunde auf Turnierhöhe für „Small" und die A-Wand, der Steg und das Ende der Wippe sind nicht über hüfthoch.

Der spätere Turnierslalom wird in der Lernphase als Gasse aufgebaut, dazu benötigen Sie teilweise einen Zaun, der leicht selbst hergestellt werden kann. Ideal sind kurze Slalomstangen, etwa 60-70 cm hoch.

Zusätzlich benötigen Sie noch einige Marker für die Übungen. Das können Verkehrshütchen, sogenannte Pylone sein oder auch einfach Eimer. Außerdem werden noch Hundenäpfe gebraucht, die später als Anlaufpunkt für die Übung „Voraus" dienen.

Der Schnupperkurs findet idealerweise auf einer eingezäunten Fläche statt. Der Boden darf, wie bei allen sportlichen Aktivitäten, nicht gefährlich sein: keine Löcher, keine Erdhaufen und rutschfest.

Bei der Einführung neuer Geräte schlage ich auch ein paar mögliche **Kommandos** vor. Diese sind beim Agility nicht fest vorgeschrieben und jeder darf sie für sich frei aussuchen. Dabei sollten dem Hund bekannte Worte vermieden werden. Wenn der Hund auf „Hopp" ins Auto einsteigt, dann sollte es nicht die erste Wahl für den Sprung sein. Auch starke Ähnlichkeiten sind problematisch. Wer das englische „Down" bereits verwendet, für den ist zum Beispiel ein „Schau" an der Kontaktzone ungünstig.

Hier finden Sie eine kurze Zusammenfassung der Vorbereitungen, die auch beim Herausgeben einer Presseinfo und Formulieren eines Plakats helfen:

Teilnehmen können blutige Anfänger, genau wie Neu- und Wiedereinsteiger.

Die Größe der Hunde darf zwischen Meerschweinchen und Shetlandpony liegen.

Pro Gruppe mit einem Trainer und einer zusätzlichen Hilfsperson üben vier bis sechs Hunde.

Das Training findet wöchentlich statt und dauert etwa 1,5 Stunden.

Alle erhalten ein Trainingstagebuch (s.S. 110), um dem Kursverlauf gut folgen zu können.

Vor Beginn des Kurses das Equipment auf Vollständigkeit prüfen.

Zeitlicher Aufbau

Es ist nicht sinnvoll, erst ein Gerät mehrere Wochen hintereinander zu üben und dann mit dem nächsten zu beginnen. Einerseits wäre das Training auf diese Weise ziemlich langweilig. Vor allem greifen aber bestimmte Fähigkeiten, die das Team nach und nach lernt, ineinander und so hat sich im Laufe der Zeit eine Trainingsreihenfolge als erfolgreich herausgestellt. Zur Übersicht hier der gesamte Kursablauf in Form einer Tabelle, bevor es im nächsten Kapitel dann daran geht, die einzelnen Trainingswochen detailliert zu beschreiben.

Kursaufbau 12 Wochen

	Infoabend	Woche 1	Woche 2	Woche 3	Woche 4	Woche 5	Woche 6	Woche 7	Woche 8	Woche 9	Woche 10	Abschluss
Wand		x		x			x					
Wippe						x		x		x	x	
Steg			x		x				x			
Hürde		x			x			x				
Reifen				x			x		x		x	
Weitsprung			x			x				x		
Tunnel			x			x		x				
Sack		x			x		x			x		
Tisch				x					x		x	
Slalom		x	x	x	x	x	x	x	x	x	x	

Trainingsabende

Infoabend

Der optimale Einstieg für die neue Trainingsgruppe ist ein Infoabend. Sie haben es mit Menschen zu tun, die eventuell noch nie auf einem Hundeplatz waren.

Übrigens werde ich diese Menschen im weiteren Text Hundeführer nennen, um sie vom Trainer und dessen Hilfsperson eindeutig zu unterscheiden. Auch wenn das Wort Hundeführer altertümlich und ungewohnt klingt, gibt es doch genau die Funktion wieder, die den Hundebesitzern nahe gebracht werden soll.

Ihre werdenden Hundeführer haben erfahrungsgemäß eine ganze Menge brennender Fragen und auf Hundeplätzen gibt es, dazu passend, eine ganze Menge Regeln. Deshalb ist ein solcher Abend eigentlich unverzichtbar. Neben all den Punkten, die besprochen werden müssen, bietet er vor allem auch die Möglichkeit des gegenseitigen Kennenlernens. Die potenziellen Kursteilnehmer lernen Sie und Ihre Trainerkollegen kennen. Sie werfen schon mal einen Blick auf die Hunde und entscheiden über Vorkenntnisse und mögliche Gruppenkonstellationen.

Im Folgenden gehe ich auf die Themen ein, die an einem solchen Abend besprochen werden sollten. Dabei ist es wichtig, dass die Teilnehmer alle diese Fakten auch in schriftlicher Form ausgehändigt bekommen. Wenn sie derart mit Information bombardiert werden, haben sie sonst keine Chance, alle wichtigen Dinge im Kopf zu behalten. Zu diesem Zweck gibt es zum Schnupperkurs das Trainingstagebuch. Die Hundeführer protokollieren darin ihre Fortschritte und die ersten Seiten dieses Heftes sind als Gedächtnisstütze für die wichtigen Punkte des Infoabends reserviert.

Wenn Sie diesen Kurs im Selbststudium absolvieren möchten, sind einige Punkte weniger interessant, aber das ändert sich, falls Sie ihn gemeinsam mit Freunden starten. Wenn Sie eine Gruppe sind, werden Sie sich auf gemeinsame Vereinbarungen einigen müssen.

Vorstellungsrunde

Am Infoabend **stellen Sie sich als Erstes als Trainer vor**. Sie sollten berichten, was Ihre Funktion im Verein/der Hundeschule ist und welche Kenntnisse Sie selbst vom Sport haben.

Als Trainer müssen Sie in jedem Fall einen genauen Ablauf vom Kurs, vom Inhalt und vom Lernweg haben. Dieses Buch ist nach sorgfältiger Durcharbeitung ein guter Einstieg in das selbstständige Abhalten von Anfängerkursen. Falls sich die Möglichkeit ergibt, hilft es natürlich enorm, bei einem erfahrenen Trainer mitzuhelfen. So gelingt der Einstieg am besten. Im Zuge Ihrer Vorstellung bieten sich auch ein paar Worte zu Ihnen als Trainerpersönlichkeit an. Was für einen Hund haben Sie selbst? Wie schätzen Sie Ihren Lehrstil ein? Was erwarten Sie von Ihren Teilnehmern?

Das ist auch eine schöne Überleitung für eine **Vorstellungsrunde der Teilnehmer**. Bitten Sie jeden, etwas über sich zu erzählen. Was bringt er für einen Hund zum Kurs? Wie alt ist er? Hat er Vorkenntnisse? Was möchten die beiden zusammen erreichen? Machen Sie sich Notizen und besprechen Sie hinterher beim Vorstellen des Konzepts besonders genau die Punkte, in denen das Konzept von Teilnehmerwünschen abweicht.

Als Nächstes sprechen Sie über die **Voraussetzungen der Teilnehmer**. Mindestvoraussetzung ist immer: ein Hund mit Grundgehorsam und Bindung zum Besitzer.

Der **Grundgehorsam** muss nicht prüfungsreif sein. Es ist ein Anfängerkurs, da ist es nicht schlimm, wenn ein Hund mal aus Übermut über den Platz sprintet, bevor er wieder kontrollierbar wird. Aber wenn das bei jeder Übung passiert, ist es störend und der Hund braucht in dem Bereich noch Förderung.

Bindung zum Besitzer ist für diesen Kurs unverzichtbar. Hunde sollten schon eine gewisse Zeit in der Familie leben, mit der sie jetzt zum Kurs kommen. Weiterhin ist es wichtig, dass der Hund in der Lage ist, sich über die Übungszeit zu konzentrieren. Welpen bringen diese Fähigkeit noch nicht mit. Je nach Hund kann auch ein Jahr noch zu jung sein, das hängt stark vom Individuum ab und bleibt eine Einzelfallentscheidung. Falls es die Zeit zulässt, können Sie den unten beschriebenen Bindungstest mit den Teilnehmern und ihren Hunden machen.

Ein ebenso wichtiger Punkt ist die **Sozialverträglichkeit**. Der Hund arbeitet gemeinsam mit anderen Vierbeinern auf dem Platz. Es ist essenziell wichtig, dass er damit klarkommt. Ein Hund, der Streit anfängt, der aus Übungen ausbricht, um zu stänkern oder der auf herumrennende Hunde stark reagiert, kann in diesem Konzept ein echtes Problem werden. Wenn er gehorsam ist und kontrollierbar, muss er die anderen Hunde aus dem Kurs nicht mögen, aber es sollte nicht die Gefahr einer Rauferei bestehen. Diese Eigenschaft können Sie gut beobachten, wenn die Teilnehmer gemeinsam auf ihren Einsatz zum Bindungstest warten.

Schließlich ist noch sicherzustellen, dass die **Hunde fit und gesund** sind. Wenn Ihnen bei den Tests Hunde auffallen, die sich nicht flüssig und geschmeidig bewegen, dann scheuen Sie sich nicht, diese Teams um einen Besuch beim Tierarzt zu bitten. Und sprechen Sie auch die Teilnehmer an, deren Hunde beim Füttern und einem prüfenden Griff ins Fell als zu dick aufgefallen sind. Hunde mit körperlichen Beschwerden sollten keinen Sport machen, in dem Sprünge eine so zentrale Rolle spielen. Sie als Trainer sind dafür verantwortlich, dass auf Ihrem Platz keinem Hund Schaden zugefügt wird.

Es gibt Hundebesitzer, die es nicht schaffen, ihre Hunde in Form zu halten, das ist ihre persönliche Sache. Aber Sie müssen dafür sorgen, dass in Ihrem Kurs nicht die Grundlage für eine schwerwiegende Schädigung gelegt wird. Führen Sie solche Gespräche unter vier Augen. Kein Hundebesitzer hört so etwas gern und es könnte ihn brüskieren, wenn er vor allen Leuten bloßgestellt wird.

Bindungstest

Phase 1

Ein Mensch-Hund Team betritt den Hundeplatz. Der Hund wird abgeleint und darf auf dem Hundeplatz frei herumlaufen. Wenn er angefangen hat, interessiert herumzuschnüffeln, ruft der Besitzer ihn zu sich. Drei Punkte gibt es, wenn der Hund sofort und schnell angerannt kommt. Zwei Punkte gibt es, wenn er zuverlässig kommt, aber dabei kein großes Engagement zeigt. Einen Punkt bekommt, wer nach mehrfachem Rufen immerhin widerwillig kommt. Läuft er in die Gegenrichtung und flüchtet, bekommt er leider keinen Punkt

Phase 2

Anschließend locken Sie als Trainer den Hund mit Futter. Dabei achten Sie genau darauf, ob der Hund sich scheu zeigt und ungern anfassen lässt. Das ist für einige Übungen im Kurs wichtig, denn darauf muss Rücksicht genommen werden. Sie füttern den Hund mit kleinen Bröckchen oder noch besser aus einer Futtertube. Dabei sollten Sie immer vorher fragen, ob der Hund dieses Futter bekommen darf, denn manche Hunde haben Allergien oder Unverträglichkeiten. Wenn der Hund genüsslich frisst, geben Sie dem Besitzer ein Zeichen. Er soll seinen Hund aus drei Metern Entfernung zu sich rufen. Die Bewertung funktioniert wie oben.

Phase 3

Als Letztes darf der Hundebesitzer den Hund aus der Futtertube weiter füttern. Nach einigen Happen legt er die Futtertube auf den Boden und steht auf. Mit lockenden freundlichen Rufen läuft er vom Hund weg. Der Hund soll das Futter liegenlassen, und sich für den Besitzer entscheiden. Auch hier gibt es wieder bis zu drei Punkte zu ergattern.

Für den Kurs sollten die Teams ohne Nullrunde auf mehr als vier Punkte kommen. Die Hunde, die den Test nicht bestehen, haben derzeit noch andere Prioritäten als Agility. Sie müssen zunächst ein besseres Team mit ihrem Menschen werden.

Beschreibung des Lernkonzepts

Als Nächstes erklären Sie Ihrer Gruppe das Lernkonzept. Versuchen Sie in einigen Worten zusammenzufassen, was ich

bisher erklärt habe. Erklären Sie, was die **Idealbildmethode** und was genau das **Lernziel** des Kurses ist.

Für meine Gruppen habe ich dazu ein Video vorbereitet. Darauf sind Szenen des Trainings und des Abschlusstages von vorherigen Kursen. Ich lasse das während meiner Zielsetzungserklärung laufen und kommentiere, was die Teilnehmer dort machen und wie viel sie in den zehn Stunden schon gelernt haben. Das ist anschaulich und zeigt, dass auch solides Training an einzelnen Geräten eine echte Herausforderung sein kann.

Ein weiterer Vorteil dieser Videomethode ist, dass die Teilnehmer bereits sehen, wie auf dem Hundeplatz gearbeitet wird. Sie sehen, wie die Teilnehmer sich hintereinander zu einer Übung anstellen, wie sie belohnen und wie der Umgang auf dem Hundeplatz sich gestaltet.

Organisatorisches

Nachdem die Teilnehmer eine Idee davon haben, was auf sie zukommt, geht es als Nächstes um die ganz praktischen Fragen. Es muss beispielsweise bekannt gegeben werden, an welchen Wochentagen und zu welcher Uhrzeit der Kurs stattfindet. Eine **Liste mit den Kursterminen** befindet sich ebenfalls im Trainingstagebuch, das Sie den Teilnehmern zu Beginn des Abends aushändigen (s.S. 110).

Und schließlich kommt auch die weiblichste aller Fragen des Abends an die Reihe: „Was ziehen wir an?" Zunächst komme ich zur **Ausstattung des Zweibeiners**. Meine Kurse finden bei jedem Wetter und draußen statt. Das ist die Regel. Wenn Sie nicht auf eine Hundesporthalle zurückgreifen können, sind Sie darauf angewiesen, dass die Übungsteilnehmer sich entsprechend kleiden. Mein Lieblingsbeispiel, an das ich mich gern erinnere, ist die Dame, die am ersten Kurstag bei matschigem Herbstwetter im cremefarbenen Kostüm mit Absatzschuhen kam. Auch ihr West Highland Terrier war nach dem Kurs nicht mehr so blütenweiß, wie man ihn aus dem Werbefernsehen kennt.

Die **Ausstattung des Hundes** beginnt mit einem eng anliegenden Halsband. Alternativ eignet sich auch eine Leine mit einer Schlaufe, die gleichzeitig Halsband ist. Dabei darf sich das Halsband aber nicht unbegrenzt zuziehen. Die Länge der Leine ist gleichgültig. Sie spielt bei kaum einer Übung eine Rolle, allerdings sind Ausrollleinen nicht geeignet.

Auf keinen Fall darf der Hundeführer es vergessen, einige Belohnungshäppchen und ein Spielzeug für seinen Teamkollegen mitzubringen. Auch hier habe ich eine schöne Anekdote aus einem Kurs. Ein Hundeführer erklärte mir, dass sein Hund die Übungen machen sollte, weil er das sagt, und nicht etwa, weil er ihn dafür bestechen müsste. Sicherheitshalber deshalb an dieser Stelle ein kurzer Einschub.

Der Hund tut Dinge, wenn er sich davon Vorteile erhofft. Nur dann! Dieser Vorteil kann ein Futterbröckchen genauso sein wie Zuwendung oder die Wegnahme von unerwünschten Beeinträchtigungen, beispielsweise beim Ableinen. In keinem Fall tut der Hund etwas aus Pflichtbewusstsein, höherem Verständnis oder Liebe zum Besitzer.

Im Schnupperkurs setze ich für viele Übungen auf Futter und soziale Nähe anstatt auf Spielzeug. Die Lernsituation ist eine andere, denn Futter führt zu ruhigem und konzentriertem Arbeiten. Außerdem unterbricht die Gabe von Futter die Übung viel weniger als das Spielen. Deshalb werden Teilaufgaben jeweils mit Futter bestärkt, am Ende einer Übung darf dann herzlich gerne wild gespielt werden. Nur Teilnehmer, die erwarten, dass ihr Hund alles ohne Futter und Spielzeug lernt, sind leider in diesem Kurs falsch aufgehoben.

Die Futterbröckchen sollten dem Hund angepasst sein. Besagter West Highland Terrier kam mit doppelt daumendicken Trockenfutterbrocken. Etwa fünf davon waren vermutlich seine Tagesration. Geeignete Leckerchen sind höchstens so groß wie ein Viertel des Nasenschwamms vom Hund und weich, sodass er sie ganz fix runterschlucken kann. Und es sollte etwas sein, was er nicht sowieso ganztägig im Napf zur Verfügung hat. Käsewürfel eignen sich hervorragend und für verwöhntere Hunde gibt es im Trainingstagebuch ein Rezept für Leberpfannkuchen. Diese Leckerei lässt sich prima handhaben. Die Bröckchen sind trocken, machen im Sommer keine Schmiererei und das Wichtigste: Sie motivieren auch die verwöhntesten Gaumen zu Höchstleistungen.

Dann gibt es noch einige **praktische Hinweise**. Beispielsweise sollten die Hunde nicht vor dem Kurs gefressen haben. Die Unlust auf die Leckerchen ist dabei das geringste Übel. Es droht auch Übelkeit und im schlimmsten Fall sogar die lebensbedrohende Magendrehung.

Die Teilnehmer sollen schon etwas vor der Zeit da sein, denn die Hunde sollten ausreichend Gelegenheit haben sich zu lösen, damit auf dem Platz keine Missgeschicke passieren. Weder Sie als Trainer noch die Hundeführer möchten in Schlangenlinien um die Hundehäufchen herum trainieren.

Und dann sollte noch geklärt werden, was die Teilnahme am Kurs kostet und wann und wie bezahlt werden muss.

Falls es Vorgaben bezüglich läufiger Hündinnen, notwendiger Versicherungen, Impfungen, Wurmkurvorschriften, Parkregelungen, Leinenpflicht oder irgendwelche anderen Vorgaben speziell auf Ihrem Trainingsgelände gibt, sollte das auch erwähnt werden.

Verteilen Sie **Anmeldezettel**, mit deren Hilfe Sie die **Kontaktdaten** der Teilnehmer einsammeln, damit Sie bei überraschenden Kursverschiebungen informieren können. Geben Sie zum Abschluss reichlich Gelegenheit für Fragen der Teilnehmer.

Woche 1

Zu Beginn der ersten Übungseinheit teilen Sie Ihren Kurs in zwei Gruppen auf. Zwei bis drei Hundeführer arbeiten mit dem Trainer an Wand, Tunnel und Hürde, während die anderen mit der Hilfsperson am Slalom üben. Nach der Hälfte der Zeit tauschen die Gruppen, zum Schluss wird eine Hausaufgabe erklärt. Dieser grundsätzliche Ablauf wird den gesamten Kurs über beibehalten. In dieser ersten Stunde sind die Übungen bewusst einfach gehalten, damit sich alle in den Ablauf einfinden können.

Wann immer ein neues Gerät das erste Mal vorkommt, besprechen Sie mit den Teilnehmern den idealen Ablauf und die dazugehörenden Bestimmungen aus dem Regelwerk. Diese sollten Sie als Trainer immer parat haben und vor Kursbeginn mit dem geltenden Reglement, das finden Sie beispielsweise auf der Webseite des VDH (Verband deutsches Hundewesen), vergleichen.

Das Idealbild ist an der jeweiligen Stelle im Buch abgedruckt, damit Ihre Teilnehmer und Sie von Beginn an ein Ziel vor Augen haben.

Wenn ein Gerät zum letzten Mal geübt wird, vergleichen Sie das erreichte Ergebnis mit diesem Idealbild und klären eventuelle Fragen und Unklarheiten. Als Erinnerung finden Sie eine Erklärung zum Idealbild in einem Kasten bei dem jeweiligen Thema. So gehen Ihre Teams gut begleitet durch den Kurs und können ihren eigenen Fortschritt im Trainingstagebuch dokumentieren.

Kurzer Slalom

Über die Jahre haben sich zu den Geräten unterschiedliche Trainingsmethoden und Philosophien herauskristallisiert. Stangen werden V-förmig in den Boden gesteckt, sodass der Hund anfangs mittig, teilweise mit der Leine, geführt werden kann. Tore werden als Einzelaufgabe gelehrt, also das Durchqueren von jeweils nur zwei oder drei Stangen. Dabei werden nach und nach weitere Tore dazu gestellt. Manche stellen auch von vornherein den Slalom komplett auf und locken den Hund mit Sichtzeichen oder Leckerchen durch das fertige Gerät.

Dabei hat jede erwähnte Methode Vor- und Nachteile. Insbesondere die Törchenmethode erfreut sich zunehmender Beliebtheit. Bei dieser Variante lernen die Hunde zunächst den richtigen Weg durch nur zwei Stangen zu finden. Wenn sie das gut beherrschen, werden in einigem Abstand zwei weitere Stangen dazu gesteckt.

Rhythmischer Slalom.

Der Hund läuft dann vorn durch ein Törchen und einige Meter weiter durch ein zweites Törchen. Nach und nach werden weitere Stangen in der Mitte ergänzt, bis der Hund einen ganzen Slalom abarbeitet. Die Hunde lernen relativ schnell und haben am Ende meist ein gutes Tempo. Der Grund, warum ich diese Methode trotzdem nicht in meinen Kurs integriert habe, ist die Art, wie die Stangen abgearbeitet werden. Viele Hunde neigen zum Springen, wenn sie die Tore einzeln lernen. Das Idealbild eines schnellen Hundes sieht aber anders aus. Wenn Sie sich schnelle Teams im Slalom ansehen, dann ducken sich die Hunde eher, als dass sie springen.

Deshalb verwende ich nach wie vor in meinem Kurs die Gasse. Kritiker behaupten, dass sich bei dieser Lehrmethode die Hunde verletzen, wenn sie ungebremst mit Schulter oder Gesicht in die Gasse laufen, sobald diese enger aufgestellt wird. Diese Erfahrung habe ich in zwanzig Jahren nicht ein einziges Mal machen müssen. Ich kann mir vorstellen, dass diese Gefährdung dadurch entsteht, dass der Hund zu lange durch die breite Gasse rennen durfte und später nicht mehr bereit ist, sein Tempo zu drosseln. Dem wirke ich durch eine ganz bestimmte Reihenfolge von Hilfen und Hilfenabbau entgegen, sodass die Gasse schnell enger gestellt werden kann.

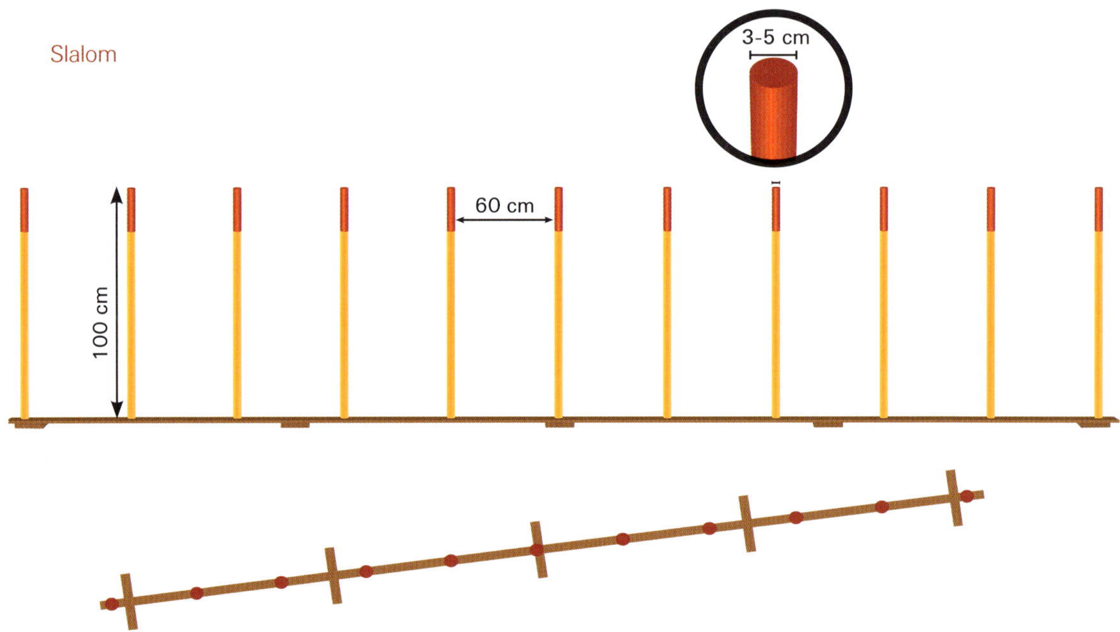

Meiner Meinung nach lernt der Hund über die Gasse den Slalom als ein Gerät kennen, neigt nicht zum vorzeitigen Verlassen und entwickelt eine schöne regelmäßige Technik.

Dabei kommt es im Idealbild sehr auf Rhythmus an (vgl. Abb. S. 35). Denn Hunde, die im Takt arbeiten, machen seltener Fehler, als solche, die keinen gleichmäßigen Takt haben.

Der Slalom wird in unserem zehnwöchigen Kurs nur fast fertig. Lernziel ist ein sorgfältiges Abarbeiten einer ganz schmalen Slalomgasse aus verschiedenen Winkeln. Dabei ist unbedingt auf die Reihenfolge zu achten. Das Konzept funktioniert nicht, wenn die Begrenzung von vornherein immer befestigt war und dann erst nach Schließen der Gasse entfernt wird. Halten Sie sich also genau an die Beschreibungen, wann ein Hilfsmittel wie Zaun oder ein Hundenapf als Orientierung für den Hund eingesetzt wird.

Idealbild Slalom

Geeignete Kommandos können zum Beispiel sein:

Slalom, Snake, Zick-Zack, Weave, Links-Rechts, …

Der Hund läuft bei diesem Kommando aus beliebigem Winkel so zum Slalom, dass die erste Stange auf seiner linken Seite ist.

Er bewegt sich in ganz gleichmäßigem Rhythmus schnell durch die Stangen, ohne dabei Tore auszulassen.

Das tut er unabhängig von der Position des Hundeführers.

Da wollen Sie also hin, und so geht es in der ersten Stunde los:

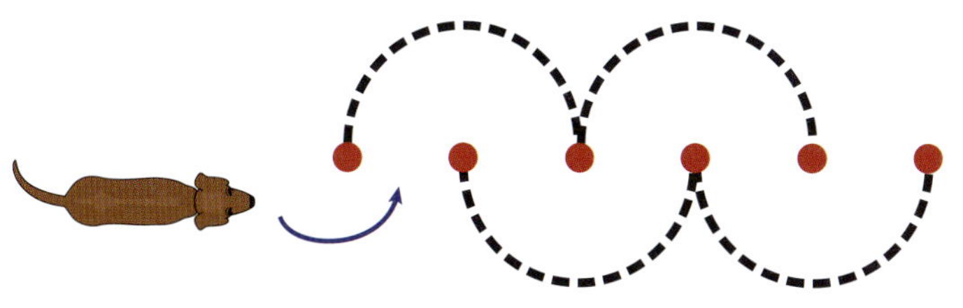

Richtig
Erste Stange links vom Hund, Laufrichtung nach links.

Slalomgasse, Achtung Eingang!

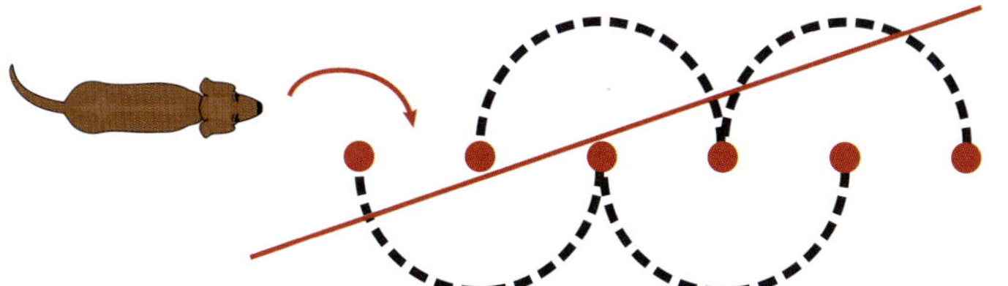

Falsch
Erste Stange rechts vom Hund, Laufrichtung nach rechts.

Aufgebaut ist ein Gassenslalom mit je drei Stangen links und im Abstand von 50 cm drei Stangen rechts. Dabei muss unbedingt darauf geachtet werden, dass die erste Stange links vom Hund ist. Die linke Reihe muss also in Laufrichtung weiter vorn stehen. Die Stangen sind zu Beginn mit einem Zaun ausgestattet. Er verbindet alle Stangen einer Reihe mit kleinen Zaunbögen. **Vergleichen Sie hierzu den Bauplan auf S. 22**. Ein zweiter Slalom ist aufgebaut, an dem kein Zaun ist, alternativ wird der Zaun zwischendurch abgenommen.

Die Hunde werden zu Beginn mehrmals durch diese Gasse gerufen. Dabei hält der Trainer den Hund und der Hundeführer ruft den Hund mit Spielzeug oder Futter zu sich. Es geht vor allem um motivierte und gute Bestätigungen. Anfänger scheuen sich davor, vor anderen aus sich herauszugehen und für den Hund den Kasper zu spielen, doch genau das ist es, was verlangt wird. Der Trainer sollte gegebenenfalls mit einem der Kurshunde das Prozedere vorführen und dabei bewusst stark übertreiben. Je mehr und heftiger die Hunde bestätigt werden, desto besser. Nach einigen Wiederholungen folgt die nächste Aufgabe.

Dabei hält der Trainer die Leine und der Besitzer läuft neben dem Hund außerhalb der Stangen parallel mit. Der Trainer hält die Leine auf Spannung nach hinten, sodass der Hund dagegenziehen muss, um an die Belohnung zu kommen. Diese Übung wird auf jeder Seite einige Male wiederholt. Die Idee daran ist, durch das wilde Spiel und den Gegenzug des Trainers möglichst viel Vorwärtsdrang beim Hund zu wecken. Achten Sie auf Motivation, lassen Sie anfeuern!

Anschließend werden beide Aufgaben wiederholt, allerdings am Slalom ohne Zaun. Hierbei werden die Hunde möglicherweise auch einmal seitlich aus der Gasse ausbrechen. Das ist überhaupt kein Problem. Es erfolgt dann aber kein wildes Spiel und keine Belohnung. Stattdessen wird der Hund einfach angeleint und stellt sich hinten in der Reihe wieder an. Der Lerneffekt wird sogar verbessert, wenn einige Durchgänge fehlerhaft sind.

Es ist für Sie als Trainer wichtig, dass Sie den Kursteilnehmern vermitteln, dass nur so der Hund lernt, wie es eben nicht richtig ist.

Triebübung am Slalom.

Wand – Theorie und Kennenlernen

Es gibt unterschiedliche Varianten, wie man das Berühren der Kontaktzonen sicherstellen kann. Man kann die Lösungsansätze in zwei Gruppen teilen: die sogenannten Running contacts und die Two-on-two-off oder auch Rot-grün-Variante.

Bei der Two-on-two-off / Rot-grün-Methode soll der Hund lernen, auf der Kontaktzone anzuhalten. Er soll dabei die Hinterpfoten auf dem Gerät (two-on oder rot) und die Vorderbeine bereits im Gras (two-off oder grün) haben. Bei Varianten dieser Ausführung hat der Hund nur noch eine Pfote auf dem Gerät oder wahlweise auch alle Pfoten auf dem Gerät. In jedem Fall hält er mehr oder weniger an.

Im Gegensatz dazu soll bei den sogenannten Running contacts erreicht werden, dass der Hund in einer flüssigen Bewegung das Gerät abläuft, ohne dabei zu hopsen oder zu springen. Durch das gleichmäßige Laufen berührt der Hund idealerweise automatisch die vorgegebenen Flächen. Diese Methode bedingt sehr intensives Training des korrekten Bewegungsablaufs. Oft wird anfangs auf flachen Brettern geübt und der Winkel schrittweise gesteigert. Mithilfe eines Klickers oder Markerworts werden die korrekten Versuche – die, in denen der Hund nur gelaufen ist – bestätigt. Die Versuche, in denen er kleine Sprünge gemacht hat, werden ignoriert. Auf Dauer lernt der Hund den korrekten Bewegungsablauf und überwindet das Gerät immer auf die korrekte Art und Weise.

Vorteil der Running contacts: Der Hund ist blitzschnell. Ohne Unterbrechungen und in hohem Tempo kann er das Gerät abarbeiten.

Running contacts.

Nachteil: Der Hund ist blitzschnell. Wenn nach diesem Gerät später im Parcours eine schwierige Stelle kommt, steigt die Gefahr, dass der Besitzer nicht rechtzeitig auch am anderen Ende des Geräts ist, um mitzuhelfen und zu unterstützen.

Die Geister streiten sich, ob die eine oder andere Variante gelenkschonender ist. Einige meinen, dass das Laufen im Fluss ohne Unterbrechungen schonender sei, andere setzen dem entgegen, dass das dadurch entstehende Tempo die Belastung beim Bremsen übertreffen würde. Hier sehe ich keinen klaren Vor- oder Nachteil.

Allerdings gibt es einen unbestreitbaren Vorteil der Rot-grün-Methode. Er ist sehr einfach beizubringen!

Wie beschrieben entscheide ich mich in diesem Kurs für eine Version und in diesem Agility Schnupperkurs beschreibe ich die Rot-Grün-Methode. Ein Anfänger mit einem Anfängerhund hat kaum eine Chance, gute Running contacts zu erlernen, wenn er einmal wöchentlich trainieren kann. Selbst wenn er täglich im Garten üben würde (was utopisch ist), würden ihm das genaue Auge und die Erfahrung fehlen, genau das Zielverhalten zu bestätigen und nicht aus Versehen einen schnellen Zonenspringer zu fördern.

Deshalb beschreibe ich lediglich den Aufbau der Rot-Grün-Methode. Wer trotzdem gern Runnings trainieren möchte, ist vermutlich so fortgeschritten, dass er dazu auch eigene Übungsansätze im Kopf hat.

Zunächst erklären Sie den Hundeführern ausführlich, wie das Idealbild aussieht und dann geht es los.

Die A-Wand

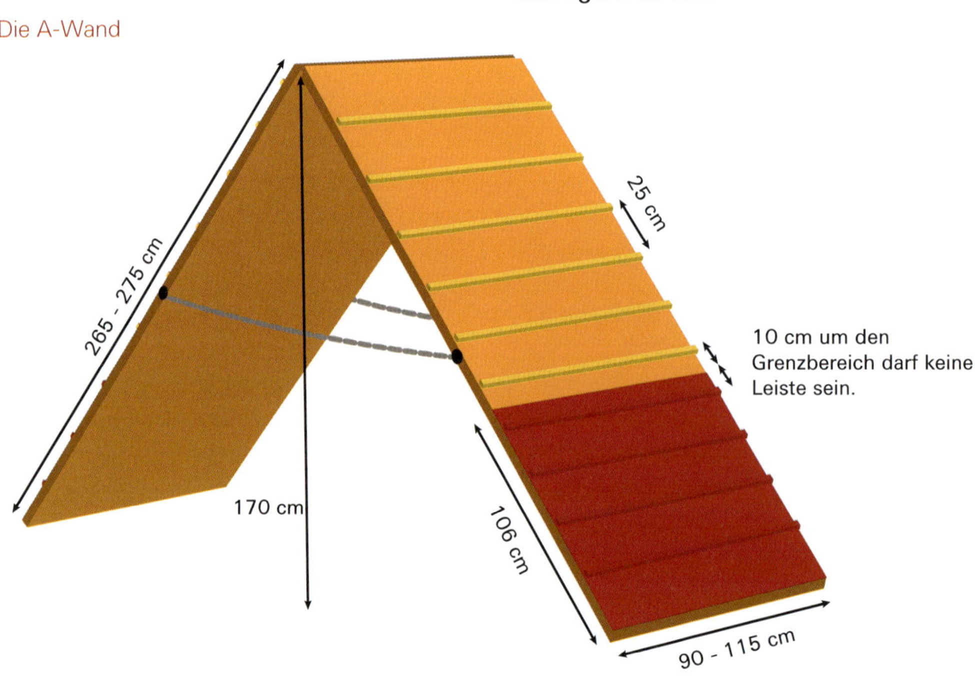

Idealbild A-Wand

Der Hund bekommt das Kommando für die A-Wand.

Beispielsweise A-Frame, Wand, Rüber, Auf, Hoch …

Er läuft zielstrebig auf die Wand zu, berührt auf der aufsteigenden Seite die Zone und läuft zügig über den Giebel auf die gegenüberliegende Seite. Etwa auf Höhe des Giebels bekommt er das Kommando für die Kontaktzone. Hierzu werden gern kurze knackige Kommandos gegeben, wie: Warte, Spot, Touch, Halt, Tack …

Der Hund nimmt das Tempo selbstständig so weit zurück, dass er am unteren Ende der Rampe zum Halten kommt. Dabei stehen seine Vorderpfoten im Gras und seine Hinterbeine noch auf der Rampe.

Er verlässt erst nach dem Freigabekommando diese Position. Das Freigabekommando kommt an einigen Stellen vor und vermutlich benutzt der Hundeführer es schon länger, um beispielsweise das Ende einer Warteübung zu signalisieren. Typische Beispiele sind: OK, Fertig, Jawoll, Ab, Go, Weiter …

Die erste praktische Aufgabe nach diesem Theorieeinschub ist simpel. Der Hund soll das Gerät kennenlernen und eventuelle Scheu davor ablegen. Zu diesem Zweck marschieren Trainer, Hundeführer und Hund auf die A-Wand zu. Das Gerät ist niedriger, als das Regelwerk es vorsieht, am Giebel maximal einen Meter hoch. Der Trainer hält die Leine. Das ist deshalb wichtig, weil die Hunde erfahrungsgemäß eher in Richtung Hundeführer orientiert sind. Der zweite Grund: Der Hundeführer hat genug zu tun und könnte aus Unwissenheit oder Übereifer den Hund an der Leine vorwärtszerren! Der Trainer hält also die Leine locker fest, neben ihm der Hund, neben diesem der Hundeführer. Der Hundeführer hat ein Motivationsmittel in der Hand, die dem Hund am nächsten ist.

Die drei gehen zielstrebig auf die Wand zu und der Hundeführer motiviert den Hund mit Handzeichen, Leckerchen und dynamischer Körpersprache, auf die Wand zu klettern. Der Trainer sagt nichts! Er zieht auf keinen Fall an der Leine nach vorn.

Die Leine dient nämlich ausschließlich den folgenden zwei Zwecken:

1. Sie soll verhindern, dass der Hund in Richtung Hundeführer von der Wand herunterspringt und

2. sie soll den Hund bremsen, falls er allzu dynamisch und schnell wird. Beides wird nicht etwa mit Leinenrucken bewirkt, sondern durch ganz sanfte Führung. Im besten Fall hängt die Leine einfach nur durch. Kurz vor dem Giebel gruseln sich einige Hunde und wagen es nicht auf die absteigende Seite.

Falls dieser Punkt nicht sofort klappen mag, hilft folgender Trick. Der Hundeführer klettert auf der anderen Seite hoch und lockt von gegenüber. Der Trainer sichert den Hund mit der Hand am Po.

Dabei schiebt er ihn nicht gewaltsam vorwärts! Es geht nur um das Gefühl des Hundes: Ich werde festgehalten, mir passiert nichts.

Wenn der Hund die schwierige Giebelstelle überwunden hat, wird er auf der anderen Seite ruhig heruntergeführt. Er muss unten nichts Spannendes tun; er braucht auch noch nicht anzuhalten. Er soll aber möglichst auch nicht springen. Das ganze Prozedere wird zwei Mal durchgeführt und dann noch zwei Mal mit dem Hundeführer auf der anderen Seite. Nicht öfter. Es geht lediglich darum, den Hund an das Gerät zu gewöhnen und das sind die einzigen Durchgänge in seinem Leben, bei denen die Zone keine Rolle spielt.

Achtung! Bei dieser Übung gibt es nicht die Belohnungsparty wie nach dem Slalom. Beruhigende Worte mit tiefer Stimme, lobende Berührungen und ein Häppchen Futter sind die richtige Reaktion. Die Wand hat keine Action!

Tunnel – Theorie und Kennenlernen

Idealbild Tunnel

Der Hundeführer zeigt auf einen der Tunneleingänge und gibt das Kommando (Durch, Tunnel, In, Through, ...) daraufhin läuft der Hund in voller Geschwindigkeit, aus jedem Winkel in den richtigen Eingang und so schnell er kann ohne zu stürzen auf der anderen Seite wieder heraus.

Wenn Sie sich das Idealbild betrachten, dann klingt das Gerät nach einem Riesenspaß, und tatsächlich ist der Tunnel auch ein beliebtes Einsteigergerät. So wird von unerfahrenen Teams der Tunnel gern sehr früh eingeführt, demzufolge viel länger und intensiver trainiert und später hat man einen Tunnel-Junkie. Einen Hund, für den es nichts Großartigeres gibt, als durch einen Tunnel zu sausen. Das ist nicht das Übungsziel. Insgesamt sollen die Geräte alle möglichst ähnlich wertig sein. Leider ist das nur die Idealvorstellung. In Wirklichkeit haben Hunde natürlich Präferenzen.

Diese Einführung soll nicht davon ablenken, dass es durchaus auch Hunde gibt, die mit dem Tunnel Probleme haben. Sie scheuen sich davor hineinzulaufen, finden den veränderten Untergrund an den Pfoten schwierig, ängstigen sich vor dem dunklen Innenraum oder haben aus anderen Gründen Angst. Für Einsteigerteams ist es wichtig zu verstehen, dass das normal ist und kein Problem. Im Gegenteil.

Hunde, die anfangs vorsichtig sind und sich dann gemeinsam mit dem Besitzer durch das Gerät wagen, haben etwas Wichtiges gelernt. Sie verinnerlichen: Gemeinsam mit dem Zweibeiner kann ich alles schaffen. Es ist für Trainer und Besitzer sehr schön, Hunde zu beobachten, wenn sie ein solches ängstigendes Erlebnis bewältigt haben. Schon optisch fallen die Hunde dann auf: Die Rute geht nach oben, die Hunde schütteln die Anspannung ab und wirken gelöst und glücklich.

Falls solche Hunde in Ihrem Kurs sind: Darauf hinweisen! Das ist auch wichtig für die Besitzer, die vielleicht niedergeschlagen sind, wenn ihr Hund der Einzige ist, der das Gerät nicht auf Anhieb bewältigt.

Gerne geben Trainer und Bücher den Rat, den Tunnel ganz eng zusammenzuschieben und den Hund durch diesen breiten Ring zu locken. Ich halte von dieser Technik nichts, denn es entsteht ein großes Risiko und ein Umstand, der es dem Hund ungleich schwerer macht, am Anfang eine positive Erfahrung zu machen.

Wenn man nämlich einen normalen Tunnel ganz zusammenfaltet, ist der Boden knautschig. Auf den Falten kann man sehr schlecht laufen und kleine Hunde können mit den Beinen komplett dazwischenrutschen und steckenbleiben. Kein schönes erstes Erlebnis! Es gibt aber Wege, den Tunnel einfacher zu machen und trotzdem den ersten Kontakt mit dem Gerät positiv zu gestalten.

Wenn häufig Anfängerkurse absolviert werden oder eine Welpenspielstunde angeboten wird, lohnt sich die Anschaffung eines kurzen, etwa zwei Meter langen Tunnels. In einer Welpengruppe kann man problemlos hereingreifen, falls Konflikte entstehen und für den Anfängerkurs ist er perfekt. Falls ein solcher Tunnel nicht zur Verfügung steht, verwenden Sie für den ersten Versuch das Häuschen vom Stofftunnel (Vgl. S. 54). Sie demontieren den Stoffteil, falls er sich nicht einfach zusammenrollen lässt.

Dann geht der Hundebesitzer mit dem Hund zum Eingang und übergibt den Hund dem Trainer. Der Hundebesitzer hockt sich am anderen Ende so hin, dass er den Hund durch die Röhre ansehen kann. Dabei sollte er aber weit genug hinter und seitlich zum Gerät stehen. Das ist wichtig, damit es erstens nicht so dunkel im Tunnel wird, und zweitens, damit der Hund auch erst bestätigt wird, wenn er ganz wieder herausgekommen ist.

In dieser Position lockt und motiviert er den Hund. Wenn der Hund direkt auf ihn zustürzt und sich durch den Tunnel traut, wiederholt man das einige Male und der Schritt ist erledigt. Eventuell zögert der Hund aber auch ein wenig. Als Erstes sollte der Hundeführer dann weiter motivieren und Sie schauen, ob der Hund den Sprung ins kalte Wasser selbst wagt. Auf keinen Fall wirft der Hundeführer Leckerchen in den Tunnel! Der Hund würde sonst zwar durchmarschieren, aber langsam und auf dem Weg schnüffelnd. Das ist aber das Gegenteil vom Idealbild!

Position des Hundeführers aus Sicht des Hundes.

Falls der Hund sich nur durch Motivation nicht überreden lässt, kann der Trainer sanft nachhelfen. Es gilt: Es wird nicht gezerrt, geschubst oder grob mit dem Hund umgegangen. Der Trainer verhindert einfach ein Ausweichen und schiebt den Hund mit dem eigenen Körper in den Tunnel. Wenn er die vorderen Pfoten drin hat, muss man nur noch abwarten und verhindern, dass er umdreht. Der Hund soll in jedem Fall mindestens den Rest des Tunnels selbstständig durchlaufen. Meist sträubt sich der Hund nur für den ersten Durchgang. Wenn er einmal gemerkt hat, dass es gar nicht schlimm war, sind die weiteren Wiederholungen kein Problem mehr.

Nachdem der Hund problemlos durch den kurzen Tunnel oder das Stofftunnelhäuschen gelockt werden kann, schnappt man sich den originalen Agilitytunnel, zieht ihn komplett lang und wiederholt die Aufgabe. Wenn der Hund angstfrei durch den Tunnel gelockt werden kann, ist die Aufgabe gelöst.

Hürde – Theorie und Kennenlernen

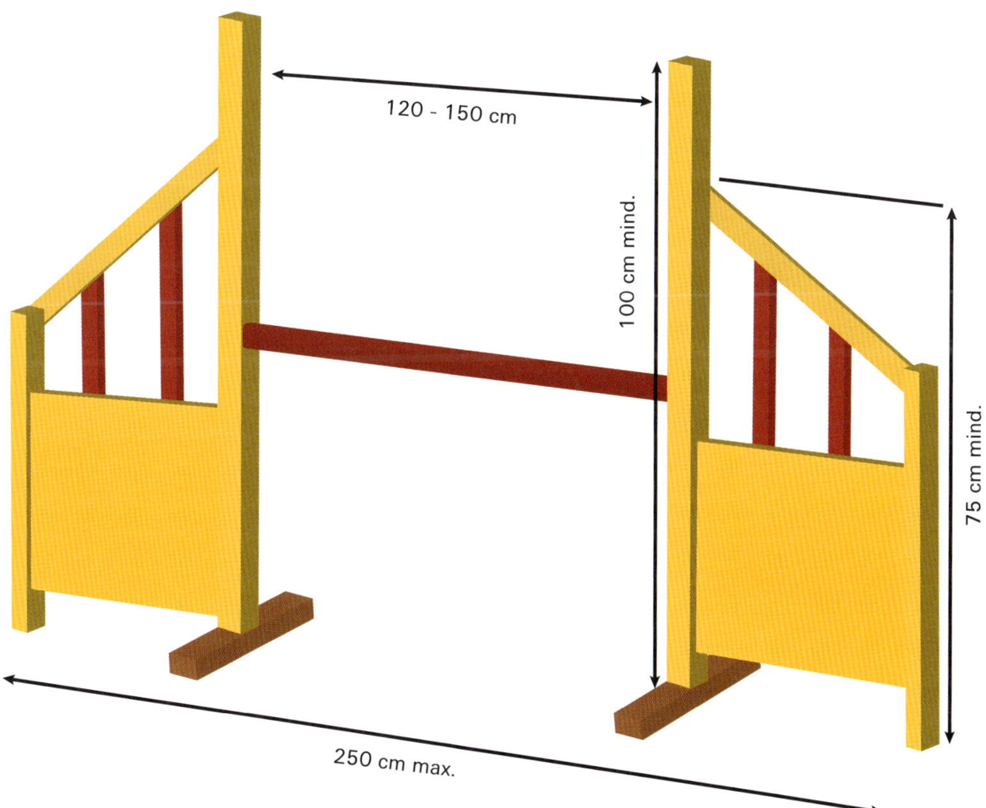

Idealbild Hürde

Auf ein Hörzeichen (Hopp, Jump, Hepp, Spring ...) und eine angedeutete Körperbewegung hin zum Gerät läuft der Hund zum Sprung. Er springt aus verschiedenen Winkeln sicher über die Stange. Er muss vor der Hürde keine kleinen Trippelschritte einbauen, er duckt sich nicht und zeigt sich auch nicht auf andere Weise unsicher. Im Sprung selbst zeigt er eine geschmeidige Technik, zuerst verlassen die Vorderpfoten den Boden und der restliche Körper folgt in einem etwa halbkreisförmigen Bogen. Er springt so hoch, dass er die Hürde nicht reißt, aber auch nicht zu viel Energie nach oben verschwendet.

Der praktische Teil gleicht der A-Wand Aufgabe. Allerdings hält diesmal der Hundeführer selbst die Leine. Er geht einige Schritte mit dem Hund, Leine in der einen Hand, Leckerchen in der anderen. Die Leine sollte bei dieser Übung möglichst durchhängend sein. Dann gehen Hund und Hundeführer gemeinsam über den niedrigen Sprung. Die Stange soll nicht höher als der Hundeellbogen sein, es geht in diesem ersten Schritt eher um das Handling beim Hundeführer und um die Optik für den Hund als um Sprungtechnik. Jeder versucht das einmal mit dem Hund auf der linken Seite und ein weiteres Mal mit Hund rechts.

Als auflockerndes Spiel folgt eine Übung wieder mit der Leine. Diesmal allerdings mit einem Anlauf von einem Marker, der fünf Meter vor der Hürde steht, weiter über die Hürde, etwa fünf Meter entfernt hinter der Hürde um einen weiteren Markierungspfosten wenden und schließlich über die Hürde zurück zum Start. Dabei trägt der Hundeführer einen Löffel, auf dem ein Tennisball liegt mit der Hand, in der er die Leine hält. Das Ganze geht auf Zeit, und wenn der Ball herunterfällt, gibt es fünf Strafsekunden.

Dieses Spiel erfüllt verschiedene Zwecke, es schließt die Übungsstunde mit einem auflockernden Element ab, die Kontrolle des Hundes wird verbessert und der Fokus löst sich etwas vom Hund und dem Gerät hin zu einer Bewegung zu zweit. Es ist außerdem die ultimativ beste Methode, um zu verhindern, dass die Leine als Steuerelement dient, wo es doch eigentlich die Körpersprache des Hundeführers sein soll.

Hausaufgabe: Rot-Grün stehen

Am Ende der ersten Stunde gibt es noch eine Hausaufgabe zur Vorbereitung auf die nächsten Einheiten. Da der Hund, wie bei der Wand erklärt, später Rot-Grün stehen soll, bekommen alle Teams die Aufgabe, diese Position als Trick einzuüben. Einerseits ist die Haltung für die Hunde körperlich ungewohnt und andererseits wird das später den Ablauf stark erleichtern.

Der Hund soll lernen, auf einer Treppe beim Weg nach unten am Absatz so anzuhalten, dass seine Vorderbeine bereits am Boden sind, das Hinterteil aber noch auf der Treppe. Dazu sucht sich der Hundeführer ein spezielles Kommando aus, das er dann später auf allen Kontaktzonengeräten verwendet. Wenn der Hund das gut beherrscht, kann die Übung auf jedem Spaziergang generalisiert werden. Jeden Tag mehrmals soll der Hund diese Position an unterschiedlichen Gegenständen einnehmen. Auf dem Spaziergang auf Baumstümpfen, auf dem Treppenabsatz, auf niedrigen Bänken und Mauervorsprüngen. Je vielseitiger die Umgebung ist, in der das Verhalten abgefragt wird, desto besser. Diese Hausaufgabe finden Sie auch im Trainingstagebuch.

Am Ende der Woche soll der Hund sich problemlos in die richtige Position lotsen lassen und diese auch beibehalten, bis er das Auflösekommando erhält.

Korrekte Position Rot-Grün.

Woche 2

Steg – Theorie und Kennenlernen

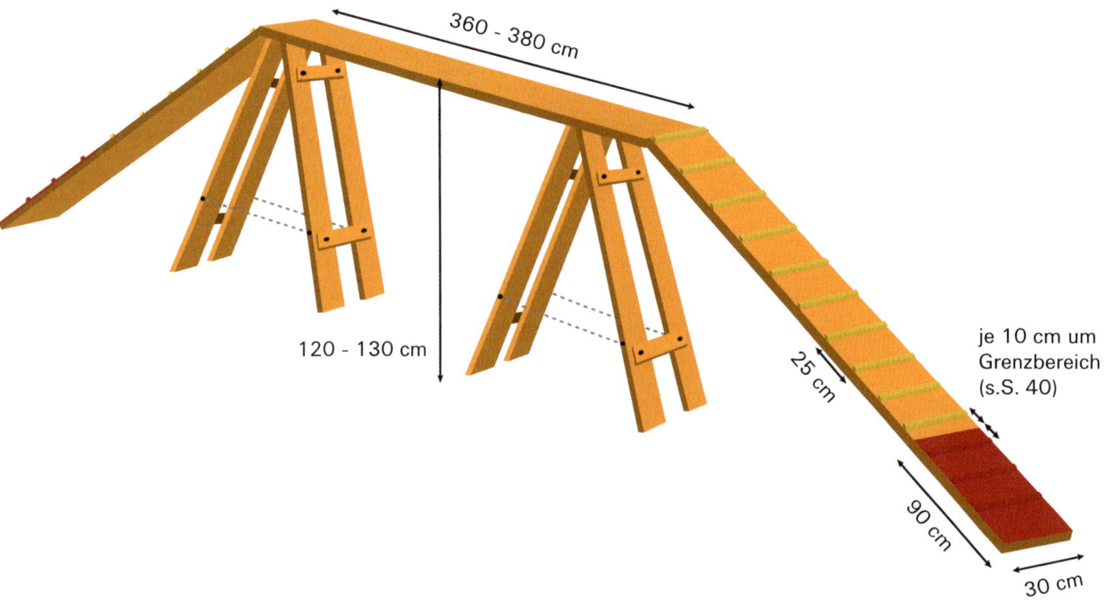

Idealbild Steg

Der Hund bekommt das Kommando für den Steg, beispielsweise Steg, Brett, Rüber, Hoch, Dogwalk ... und läuft zielstrebig, auch aus schrägem Anlaufwinkel gerade, auf den Steg. Er berührt auf der aufsteigenden Seite die Zone und läuft so schnell er kann über den Mittelteil. Etwa am Beginn des absteigenden Bretts kommt das Kommando für die Kontaktzone. Dieses sollte das gleiche sein wie bei der A-Wand. Der Hund nimmt das Tempo selbstständig so weit zurück, dass er am unteren Ende des Bretts zum Halten kommt. Dabei stehen seine Vorderpfoten im Gras und seine Hinterbeine noch auf dem Gerät. Er verlässt erst nach dem Freigabekommando diese Position.

Das Idealbild des Stegs ähnelt sehr dem der A-Wand. Die Herausforderung, besonders für große Hunde, ist der schmalere Laufbereich. Sie müssen die Pfoten enger zusammen auf den Boden setzen, damit sie nicht ins Leere treten.

Wie schon in der ersten Stunde erläutert, sollen die Hunde alle Kontaktzonengeräte nach der Rot-Grün-Methode erlernen. Zu diesem Zweck haben die Hundeführer in der letzten Woche eine Hausaufgabe mitbekommen. Zum Einstieg der zweiten Woche bauen Sie aus dieser Hausaufgabe den Steg auf. Am Ende des Stegbrettes darf jeder Hundeführer das gelernte „Treppenabsatzverhalten" vorführen.

Zunächst hebt der Hundeführer den Hund hoch und platziert ihn in der Idealposition: Hintern auf dem Steg, Vorderpfoten im Gras. Er tut das sehr sanft, und sobald der Hund diese Position hat, belohnt und füttert er ihn. Während er sich richtig verhält, wiederholt er das Wort für die Zone mehrmals, immer verbunden mit ruhigem Bestätigen. Schließlich entlässt er den Hund und geht weg.

Achtung:
Es wird nicht für das Verlassen des Geräts gelobt! Schön soll es nur in der richtigen Position sein. Wenn die Übung zu Ende ist, gibt es kein Abschlussleckerchen und erst recht keinen Jackpot! Die Übung wird mehrmals von beiden Seiten aus durchgeführt und der Hund sollte sich am Ende dieser Trainingseinheit auf der Zone wohlfühlen.

Als Trainer sollten Sie Hilfestellung geben, falls Hunde noch Probleme haben, das richtige Verhalten zu zeigen. Achten Sie vor allem auf den richtigen Ablauf: Kommando, Position einnehmen, belohnen und Position beibehalten, Kommando zum Auflösen. Motivieren Sie die Teilnehmer und heben Sie besonders lobend hervor, wenn Teams augenscheinlich intensiv zuhause trainiert haben.

In der nächsten Übung sollen die Teilnehmer ihre Hunde nicht in die Endposition, sondern stattdessen etwa auf die Mitte des schrägen absteigenden Teils heben. Dort wird der Hund zunächst zur Ruhe gebracht und gefüttert. Danach wird er wieder heruntergehoben. Falls der Hund zu schwer ist oder sich nicht hochheben lassen mag, kann das absteigende Stegbrett auch auf den niedrigen Agilitytisch gelegt werden. Dabei ist darauf zu achten, dass es gut befestigt ist. Dann ist die Übung: Auf den Tisch springen, von dort aus auf das Brett gehen, sodass alle vier Pfoten sich darauf befinden und dort am Halsband den Hund stoppen. Das ist die Ausgangsposition, in die der Hund sonst gehoben worden wäre.

Bei diesem Lernschritt geht es darum, dem Hund die Sicherheit auf dem schmalen Brett zu vermitteln. Achten Sie als Trainer auf Unsicherheiten beim Hund, die sich in Form von Schmatzen, Gähnen, geklemmter Rute, Futterverweigerung oder sogar Zittern äußern. Achten Sie vor allem darauf, dass der ängstliche Vierbeiner zwar beruhigt werden darf, aber aus

Stimme und Einwirkung keineswegs ein Trösten entstehen sollte. Sonst verstärkt die Einwirkung die Angst unnötig. Der Hund empfindet dann: „Der Chef meint auch, dass dies gefährlich ist." Stattdessen sollten die Hundeführer souverän und selbstsicher auftreten, um dem Hund Sicherheit zu geben.

Erst in der dritten Runde darf der abgeleinte Hund von dieser Position aus zu seiner eintrainierten Rot-Grün Stelle gehen. Dabei geht der Hundeführer auf der einen, der Trainer auf der anderen Seite eng am Brett mit. Das gibt optisch Sicherheit und verhindert auch das seitliche Abweichen.

Insbesondere beim Steg ist es wichtig, den Hund nicht zu früh über das gesamte Brett laufen zu lassen, um unschöne Nebeneffekte wie das zu hastige Rennen zu vermeiden. Es führt zwangsläufig zu übersprungenen Kontaktzonen, weil der Hund sich auf dem schmalen Brett in hohem Tempo noch nicht halten kann.

Bei den weiteren Durchgängen wird der Hund jedes Mal etwas weiter oben abgesetzt. Schließlich sollte er am Ende dieser Einheit in der Lage sein, von dem waagerechten Teil beginnend in seine Position zu laufen und diese sicher beizubehalten.

Absteigender Teil des Stegs.

Ein Hinweis darauf, dass die Hausaufgabe der letzten Woche natürlich fleißig weiter trainiert werden sollte, damit dieser Ablauf sich festigt, ist angebracht.

Falls der Hund anfängt, zu überstürzen, können einige Bröckchen auf dem Weg hilfreich sein. In keinem Fall darf der Hund auf dem Steg an der Leine geführt werden. Durch die Gewichtsverlagerung gegen die Leine wird er zwangsläufig das Gleichgewicht verlieren und beim Nachgeben der Leine straucheln. Zu schnell ist übrigens relativ. Der Hund darf bei dieser Übung so schnell laufen, wie er möchte, er soll sogar so schnell laufen, wie er kann – aber eben nur mit der Begrenzung, dass er am Ende des Stegs auch zum Stillstand kommt. Falls er am Ende nicht korrekt anhält, bekommt er keine Belohnung und wird für den nächsten Versuch näher am Ende positioniert.

Weitsprung – Theorie und Kennenlernen

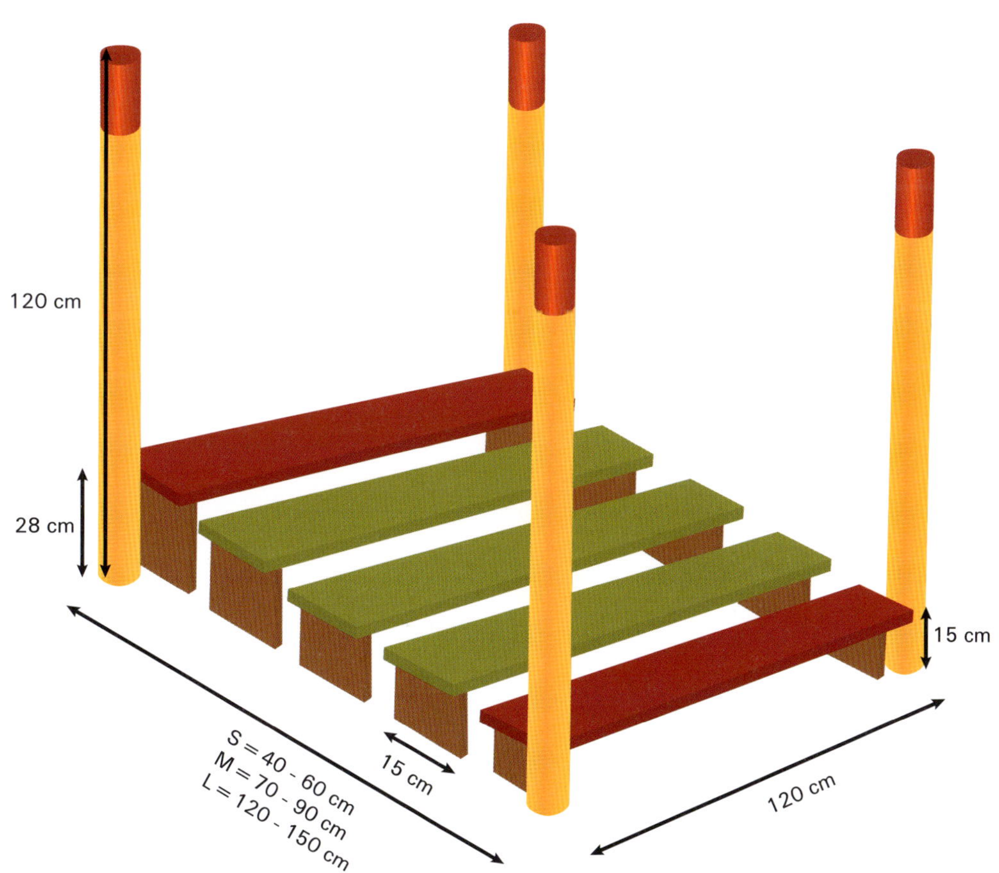

Idealbild Weitsprung

Auf das Hörzeichen und eine angedeutete Körperbewegung hin zum Gerät läuft der Hund zum Sprung. Er springt in ungebremstem Tempo, ohne die Elemente zu berühren. Dabei zeigt er eine geschmeidige Technik, zuerst verlassen die Vorderpfoten den Boden und der restliche Körper folgt in einem flachen Bogen, der keine Energie nach oben verschwendet. Beim Sprung befinden sich je zwei Markierungspfosten auf jeder Seite vom Hund.

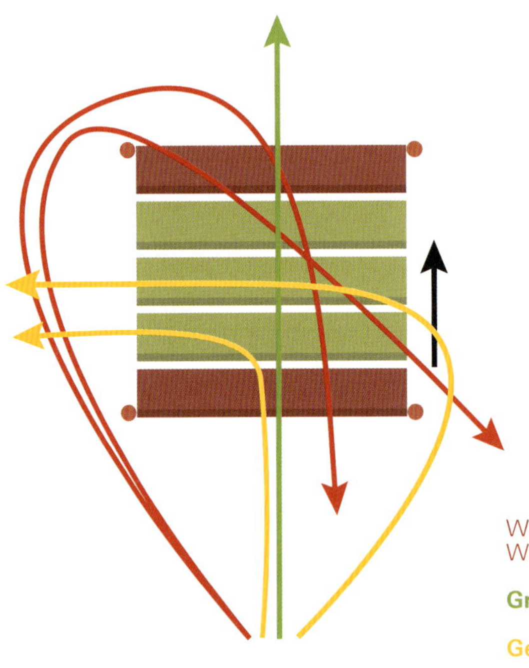

Weitsprung:
Was ist eine Verweigerung?

Grün: korrekter Sprung

Gelb: Verweigerung

Rot: Disqualifikation

Der Weitsprung wird dem Hundeführer zunächst als Gerät vorgestellt und das dazugehörige Regelwerk erklärt. Er sollte verstehen, wofür die Eckpfosten sind und was eine Verweigerung und was ein Fehler ist.

Danach wird der Hund, wie in der Vorwoche, gemeinsam mit dem Hundeführer über den Sprung geführt. Hierbei treten selten Probleme auf, falls doch, können die Elemente umgekippt gestellt werden. So kann der Hund sich nicht fälschlicherweise daran gewöhnen, über die Teile zu klettern. Nach dieser theoretischen Erklärung und dem Kennenlernen versuchen die Teams mit dem Hund gemeinsam zu starten, sodass der Hund über den Sprung springt, der Zweibeiner aber nebenher läuft. Dabei kommt das erste Mal der korrekte Start vor.

Damit der Hund das Gerät nicht verweigert, muss nämlich der Hundeführer mindestens so weit außen stehen, dass sowohl er, wie auch der Hund geradeaus laufen können. Startet er direkt neben dem Hund, muss er um das Gerät herumlaufen und dabei zieht er den Hund zwangsläufig vorbei (im Bild links, rote Pfeile). Noch sicherer ist es, etwas weiter außen als nötig zu starten. Dann gehen die ersten Schritte schräg auf die Laufbahn des Hundes zu und er springt mit hoher Wahrscheinlichkeit (im Bild rechts, grüne Pfeile).

Alle Hundeführer absolvieren den Weitsprung mehrmals von beiden Seiten, wobei dieser korrekte Weg geübt wird. Probehalber kann man auch bewusst falsch starten, um zu sehen, dass dies zur Verweigerung führt.

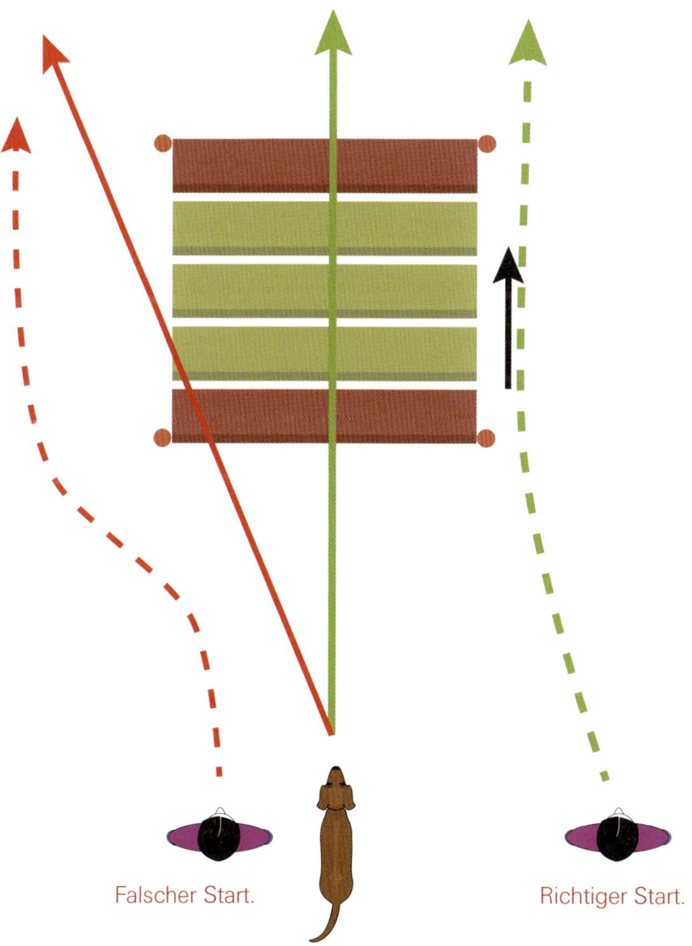

Stofftunnel – Theorie und Kennenlernen

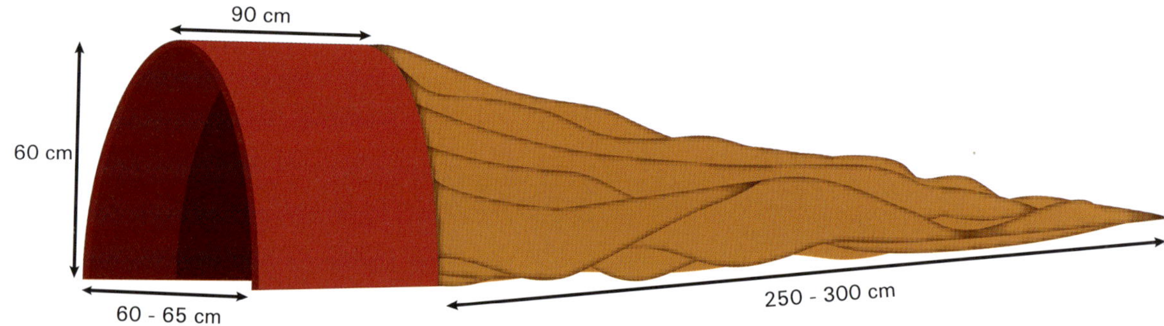

Idealbild Stofftunnel

Der Hundeführer zeigt auf den Tunneleingang und gibt das Kommando. Dieses Kommando kann dasselbe sein, wie beim festen Tunnel, es darf aber auch abweichen. Mögliche Ideen sind: Durch, Tunnel, In, Through, Chute, ... Daraufhin läuft der Hund zügig in den Eingang und so schnell er kann durch den Stoff wieder heraus. Dabei senkt er den Kopf und läuft schnurgerade, sodass sich der Stoff nicht verwickelt.

Aufbauend auf dem festen geraden Tunnel von letzter Woche wird in dieser Woche der Stofftunnel eingeführt. Zur Auffrischung wiederholt man die Prozedur der ersten Stunde mit dem festen Eingangsteil des Stofftunnels. Der Trainer hält den Hund am Eingang fest, der Besitzer geht dahinter, lockt den Hund durch und bestätigt. Das sollte keine Schwierigkeiten bereiten.

Langsames Abrollen des Stoffteils.

In der nächsten Stufe rollt der Trainer oder eine weitere Hilfsperson die Hälfte von dem Stoffteil ab. Der Hund wird wie gehabt durchgerufen. Der Stoff wird so hochgehalten, dass er den Hund noch nicht berührt. Für den Hund ändert sich wenig. Der Innenraum sieht etwas anders aus, das Gefühl unter den Pfoten verändert sich, ansonsten ist es wie ein fester Tunnel. Wenn das gut klappt, wird das gesamte Stoffteil abgerollt und weiterhin hochgehalten. Erst wenn der Hund durch das komplette Gerät abgerufen werden kann, ohne zu zögern, kommt der nächste Schritt.

Der Stoff senkt sich mit jeder Runde etwas weiter ab. Erst streicht er nur sanft über den Rücken und das auch erst, wenn der Hund im hinteren Teil ist. Wenn der Kopf des Hundes zu sehen ist, lässt der Trainer den Stoffteil komplett los, sodass er den Rücken des Hundes streift.

Dabei achtet er sorgfältig auf die Reaktion des Hundes. Wenn der Hund sich abduckt und kriecht, ist das völlig normal. Sollte der Hund aber panisch nach vorn schießen und sich stark erschreckt haben, dann berührt ihn der Stoff bei den Folgedurchgängen nicht mehr. Stattdessen streicht der Hundeführer mit der flachen Hand vom Nacken bis zum Rutenansatz, sobald der Hund aus dem Tunnel kommt. Erst danach wird der Tunnel wieder abgesenkt.

Dabei gibt es eine wichtige Regel für die Hundeführer: Der Hund muss nach dem Stofftunnel immer nach unten-vorne bestätigt werden. Durch die Berührung neigen einige Hunde dazu, den Stoff durch einen Sprung zu verlassen. Im Übereifer wird daraus später auch ein Sprung mitten im Stoffteil. Das ist der häufigste Grund für ein Verfangen und Hängenbleiben. Der Hund soll durch den Tunnel laufen, nicht springen! Deshalb wird die Bestätigung tief und vorn angeboten. Fliegende Spielzeuge und Hochspringen am Hundeführer sind höchst unerwünscht.

Eine wichtige Regel für Trainer gibt es auch noch: Der Hund darf nur durch den Tunnel laufen, wenn der Stoffteil gerade gezogen wurde. Hunde, die in der frühen Lernphase einmal in eine Falte gelaufen und abrupt dadurch gestoppt wurden, haben es ungleich schwerer, dieses Gerät vertrauensvoll abzuarbeiten. Außerdem ist es nicht ganz ungefährlich, denn das Hängenbleiben am Stoff kann Zerrungen im Halsbereich hervorrufen. Also gilt es, immer sorgfältig den Stoff zu richten und erst dann das nächste Team arbeiten lassen.

Sehr schnelle Hunde, die die Nase im Tunnel nach oben reißen, können außerdem Verbrennungen bekommen, wenn der Stoff rau und schwer ist. Sie scheuern sich mit jeder Wiederholung an derselben Stelle und haben hinterher zwischen Nasenschwamm und Nasenrücken kleine Schürfwunden. Hierauf ist unbedingt zu achten. Gegenmaßnahmen sind tiefes Anbieten der Belohnung, damit der Hund die Nase unten lässt, leichten Stoff verwenden, in einer Übungseinheit nicht zu viele Wiederholungen absolvieren und letztlich hilft auch ein Klecks Vaseline auf der gefährdeten Stelle.

Am Ende dieser Einheit sollte der Hund bei mäßig angehobenem Stoff keine Probleme haben, zum Hundeführer durch den Tunnel zu laufen. Selbst hochheben muss er ihn noch nicht.

Slalom 30 cm mit Bögen

Die Slalomgasse zwischen den Stangen wird in dieser Woche auf 30 cm Breite verkleinert aufgestellt und der Slalom ist doppelt so lang. Er hat jetzt die kompletten zwölf Stangen, ist in der gesamten Übung allerdings eingezäunt. An diesem Gerät übt jeweils die Hälfte der Teilnehmer das Abrufen und auch schon das Mitlaufen auf beiden Seiten. Dabei ist besonders darauf zu achten, dass die Bestätigung gerade hinter dem Slalom und mit Abstand erfolgt. Es ist falsch, den Hund schon zu belohnen, wenn er fast noch im Gerät ist. Stattdessen sollte hinter dem Slalom ein gedachter Zielpunkt oder sogar ein Marker stehen, zu dem der Hundeführer, so schnell er kann, läuft, um dort zu bestätigen.

Das heutige Motivationsspiel findet am Slalom statt und nimmt diese Idee auf. Vor und hinter dem Slalom steht ein Napf. Der Hund wird von der Hilfsperson festgehalten. Der Hundeführer stellt sich neben die Mitte des Geräts. Auf das Startkommando lässt der Helfer den Hund los, dieser läuft durch den Slalom und der Hundeführer so schnell er kann zum Napf. Er legt ein Bröckchen hinein und rennt sofort zurück in die Gegenrichtung. An dem Napf auf der anderen Seite legt er erneut ein Bröckchen hinein. Die Übung wird wiederholt, bis der Hund einen Fehler macht, indem er zum Beispiel aus dem Slalom herauskommt oder daran vorbeiläuft – oder bis zehn Runden absolviert wurden. Dabei gibt jede richtige Runde einen Punkt. Danach sind die Hundeführer erfahrungsgemäß gut aus der Puste und die Hunde überglücklich. Ziel erfüllt!

Hausaufgabe – Vorschicken

Der Napf als Ziel wird im Kurs noch häufiger zum Einsatz kommen. Als Hausaufgabe bekommen die Teams deshalb die Aufgabe, ihre Hunde regelmäßig mehrmals täglich zu einem Napf vorauszusenden.

Das Prozedere ist schnell erklärt: Der Hund wird ins „Sitz" oder „Platz" gebracht, der Hundeführer geht zu einem drei Meter entfernten Napf, legt Futter hinein, geht ganz zum Hund zurück und lobt ihn für das Sitzenbleiben. Auf ein immer gleiches Kommando entlässt er ihn mit einer aufmunternden Handbewegung und dem Kommando, das er sich für diese Übung ausgedacht hat und der Hund läuft voraus zum Napf. Die Übung lässt sich prima beim Füttern absolvieren, eignet sich aber auch für Spaziergänge und Einzellektion.

Am Ende einer ganzen Trainingswoche sollte das mit einem Abstand von fünf Metern reibungsfrei klappen, denn dann bauen Sie darauf auf.

Vorschicken zum Napf.

Woche 3

Wand – Statische Zonen

Die Teams haben im Laufe der letzten Übungen auf dem Stegbrett das Stehenbleiben und Finden der Position gelernt, und auf der Wand das Überwinden. In dieser Woche werden die beiden Fähigkeiten miteinander verbunden.

Der abgeleinte Hund wird mit dem Kommando für die Wand auf das Gerät geschickt und der Hundeführer hilft ihm unten in die Rot-Grün-Position. Lassen Sie die Teams in mehreren Durchgängen, abwechselnd von links und rechts geführt, das Bremsmanöver und Finden der Position verbessern. Der Hundeführer kann sich dabei zum Hund drehen, um ihm beim Stoppen zu helfen, er kann mit einem Leckerchen vor der Nase bremsen und im schlimmsten Fall um die Brust greifen und helfen. Ziel dieser Übungseinheit ist ein Hund, der ohne körperliche Einwirkungen die Position anlaufen kann. Wer sich traut, macht danach folgende Übung, die das Verhalten gut absichert:

Der Hund sitzt korrekt auf der Zone, bekommt die Leine angehängt und der Hundeführer zieht mit vorsichtig steigendem Druck nach vorn. Wenn der Hund sich nach rückwärts dagegen sträubt, wird er überschwänglich und mit warmer Stimme gelobt und bekommt ein Bröckchen. Zug erzeugt Gegenzug und das darf man sich ruhig zunutze machen. Es ist im Grunde

Absichern der Kontaktzone an der Wand.

dieselbe Überlegung wie beim Aufbau im Slalom der ersten Woche. Legen Sie noch nicht allzu viel Wert auf alle möglichen anderen Dinge wie die richtige Reihenfolge der Kommandos, deren Timing und welche Hand benutzt wird. Wenn der Hund die Wand überwindet und unten anhält, hat der Hundeführer schon eine Menge erreicht und ihn mit allzu viel Infos zur gleichen Zeit zu belasten ist eher wenig hilfreich.

Reifen – Theorie und Kennenlernen

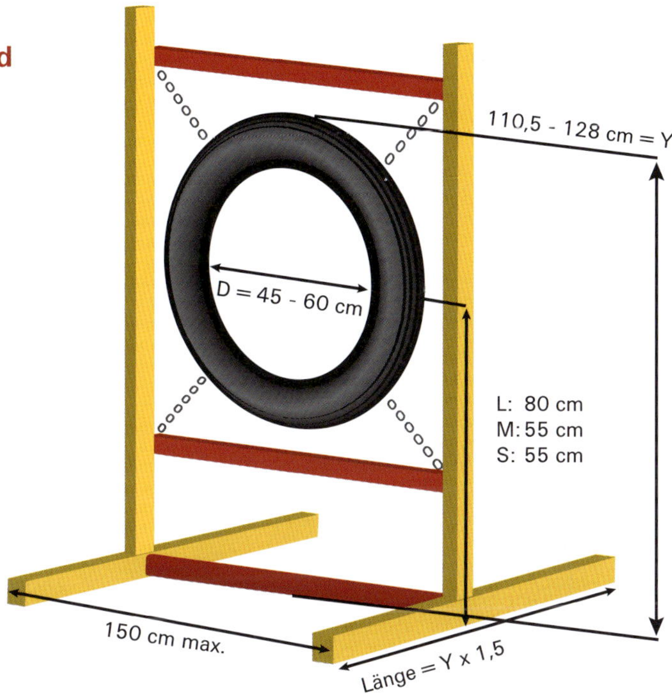

Neben dem Slalom ist der Reifen eins der schwierigsten Agilitygeräte überhaupt. Der Hund muss mit viel Augenmaß die Reifenmitte anspringen, die je nach Durchmesser variabel hoch ist. Dabei darf er nicht, wie beim Hürdensprung, mit Reserve nach oben springen, denn dann stößt er sich den Rücken am Gerät. Auch seitlich ist das Zielgebiet begrenzt. Mittlerweile verwenden viele Vereine und Hundeschulen Reifen, die aus mehreren Teilen bestehen und mit einem Magneten zusammengehalten werden.

Das ist sehr zu begrüßen, denn wenn der Hund sich, aus welchen Gründen auch immer, verschätzt oder verspringt, verletzt er sich in aller Regel nicht. In diesem Fall lösen sich die Magnete und der Reifen zerteilt sich in die Einzelelemente.

In der theoretischen Einführung sollten Sie auf die Schwierigkeit hinweisen und auch darauf, dass aus diesem Grund das Gerät im Aufbau noch schonender trainiert werden muss, als sonst sowieso üblich.

In dieser Kennenlernen-Einheit soll der Hund lernen, ohne Scheu durch den am Boden stehenden Reifen zu steigen. Der Reifen wird dazu im Gestell bis auf den Boden gehängt und der Trainer hält den Hund. Der Hundeführer lockt von der anderen Seite den Hund durch den Reifen. **Dabei hält der Hundeführer im ersten Versuch die Hand direkt vor die Hundenase, um ihn zu locken. So wird ein Fehler vermieden**. Der Zweibeiner greift also durch den Ring hindurch. Mit jedem Durchgang wird sowohl der Abstand vom Hund zum Reifen als auch der zwischen Hund und Hundeführer ausgebaut. Wenn alles klappt, kann der Hund am Ende der Übung mit zwei bis drei Metern Abstand zum Hundeführer gerufen werden, der wiederum zwei bis drei Meter hinter dem Gerät steht.

Idealbild Reifen

Auf das Hörzeichen und eine angedeutete Körperbewegung zum Gerät läuft der Hund zum Reifen. Geeignete Hörzeichen sind Hopp, Tire, Hoop, Ring, Reifen, Rüber, Spring, Hepp… Er durchspringt ihn genau in der Mitte und stößt weder oben noch unten an. Dabei zeigt er eine fließende Technik, zuerst verlassen die Vorderpfoten den Boden und der restliche Körper folgt in einem etwa halbkreisförmigen Bogen.

Tisch – Theorie und Kennenlernen

Idealbild Tisch

Der Hund läuft auf das Hörzeichen in hoher Geschwindigkeit zum Tisch. Geeignete Hörzeichen sind Tisch, Tafel, Auf, Pause, Bench, Rest, Table ... Er reduziert das Tempo kurz vor dem Tisch so weit, dass er in gerader Linie darauf springen kann, ohne zu zögern und ohne am anderen Ende herunterzurutschen. Auf dem Tisch wartet er in hoher Anspannung. Er verlässt die Position nicht, auch nicht, wenn der Hundeführer sich in eine für ihn geeignete Ausgangsposition begibt. Erst auf ein Kommando des Hundeführers verlässt er das Gerät schnell in die angewiesene Richtung. Das Kommando wird später das nächste Gerät ansagen, in unserem Kurs ist es in der Regel ein Auflösekommando zum Beenden der Übung.

Den Tisch sieht man auf Turnierplätzen nur noch selten. Der Grund ist, dass man für die korrekte Auswertung eine teure Zeitmessmatte benötigt, damit eine faire Beurteilung der Teilnehmer stattfinden kann. Früher wurde der Tisch vom Richter manuell auf fünf Sekunden gezählt. Das ist heute, wo die Leistungen der Hunde in der Spitze so dicht beieinander liegen, ungerecht. Ich persönlich finde das allerdings schade, denn der Tisch prüft eine Fähigkeit, die ansonsten nur noch beim Start des Teams vorkommt - nämlich die Beherrschung und den Willen des Hundes, trotz hohen Eifers zu warten.

Den Tisch beizubringen ist im Vergleich zu den zwei schwierigen Trainings heute ein Kinderspiel. Deshalb findet das schon obligatorische Aufmunterungsspiel an diesem Gerät statt. Zunächst einmal erklärt der Trainer die zum Gerät gehörenden Regeln, die Verweigerungsregulierungen und allerlei Besonderheiten, wenn beispielsweise der Hund unter den Tisch geht. Danach lockt jeder Hundeführer seinen Hund einmal auf den Tisch und gibt ihm dort ein Stück Futter. Das sollte keine Probleme machen. In den folgenden Durchgängen läuft der Hundeführer mit freilaufendem Hund je einmal rechts und links im Laufschritt zum Gerät, um ihn darauf zu bringen und oben zu stoppen.

Das Tischbremsspiel.

Danach beginnt das Spiel. Fünf Meter vom Tisch entfernt sitzt der Hund. Der Hundeführer legt ein Leckerchen oder Spielzeug auf den Tisch. Das darf ruhig sehr theatralisch gestaltet werden und der Hund soll aufmerksam verfolgen, was passiert. Anschließend begibt sich der Hundeführer zehn Meter hinter den Tisch. Nun sitzt in einer Reihe der Hund, dann kommt der Tisch mit Leckerchen und noch weiter geradeaus steht der Hundeführer.

Der Hundeführer ruft den Hund mit dem Tischkommando. Wenn der Hund auf dem Tisch anhält, läuft er direkt zu ihm und belohnt ihn ausgiebig. Danach bringt er ihn ins Platz, und sobald der Bauch den Boden des Tischs berührt, wirft er ein Spielzeug. Die Idee dahinter: Der Hund soll lernen, sein Tempo vor dem Tisch selbst zu drosseln und zügig die Position einzunehmen. Jeweils unmittelbar danach bekommt er die Bestätigung und löst sich vom Hundeführer. Das ist schon sehr stark an den späteren Ablauf angelehnt. Nach dem erfolgreichen Absolvieren sollten die Hunde ausgiebig gelobt werden und die Übung nicht wiederholen. Die Hunde, die direkt vom Tisch zum Hundeführer durchspurten, bekommen zunächst keine Belohnung.

Sie wiederholen die Übung mit etwas näher stehendem Hundeführer in einer zweiten Runde. Manche Teams benötigen auch noch eine dritte Runde, in der die Leckerchenration größer sein soll, das Ablegen des Futters theatralischer und der Abstand noch kürzer. Mit dieser Unterstützung sollte der Hund auf dem Tisch anhalten können. Diese Übung hat sowohl ein Kontrollelement, als auch einen geschwindigkeitssteigernden Effekt. Sie ist überaus lohnend. Außerdem verbreitet die Spannung, welcher Hund in welchem Abstand zu stoppen ist, eine gute Laune.

Slalom 30 cm offen

Am Slalom spielt der Vorausnapf aus den Hausaufgaben der Vorwoche eine Rolle. Er steht schnurgerade hinter dem Slalom. Dieser ist als 30-cm-Gasse mit zwölf Stangen aufgebaut, also wie in der Vorwoche - allerdings ohne den helfenden Zaun. An diesem Gerät üben die Hundeführer das Abrufen und das Mitlaufen auf beiden Seiten. Durch den Anlaufpunkt mit dem Napf sollte diese Übung problemlos klappen. Wie immer gilt: Wenn Fehler passieren, ist das kein Problem. Das Team leint an und stellt sich erneut an. Ein weiterer Versuch, in dem gelernt wurde, wann es kein Leckerchen gibt.

Achten Sie darauf, dass beide Seiten gleichmäßig trainiert werden und versuchen Sie auch gelegentlich den ganz schnurgeraden Anlauf ein wenig abzuschrägen. Dabei soll der Hund seitlich ganz wenig versetzt sitzen. Der gerade Start ist etwa fünf Meter von der ersten Stange auf zwölf Uhr. Heute sollten Sie wechselweise auch von elf und ein Uhr üben.

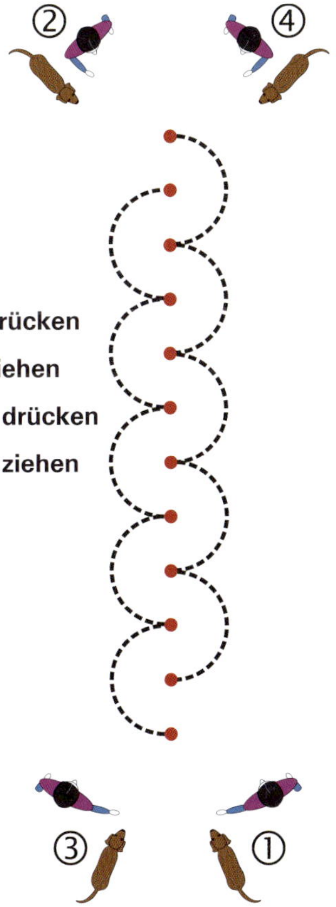

②
④

1 von links drücken

2 von links ziehen

3 von rechts drücken

4 von rechts ziehen

③
①

Üben Sie auch diese Variante beidseitig, nämlich so, dass der Hundeführer den Hund etwas drücken oder näher heranziehen muss. Insgesamt sind also vier Übungen möglich:

1. Slalom steht vom Hund in Laufrichtung nach links versetzt, der Hundeführer ist rechts vom Hund, muss den Hund deshalb von sich wegdrücken.

2. Slalom steht vom Hund in Laufrichtung nach links versetzt, der Hundeführer ist links vom Hund, muss den Hund deshalb auf sich zuziehen.

3. Slalom steht vom Hund in Laufrichtung nach rechts versetzt, der Hundeführer ist links vom Hund, muss den Hund von sich wegdrücken.

4. Slalom steht vom Hund in Laufrichtung nach rechts versetzt, der Hundeführer ist rechts vom Hund, muss den Hund deshalb auf sich zuziehen.

Erinnern Sie die Hundeführer an die Startübung und den richtigen Weg. Hilfreich ist es, sich den Bereich, in dem der Hund gern arbeitet, als Gummiband oder Luftballon vorzustellen. Zu nah am Hund drängelt der Hundeführer ihn weg, weil der Luftballon sich erst zusammendrückt, aber dann den Hund wegschiebt. Zu weit entfernt zieht er ihn zu sich vom Weg herunter, wie an einem Gummiband gezogen.

Verschiedene Eingangsmöglichkeiten Slalom.

Hausaufgabe – Startritual

Bei allen Aufgaben hilft es dem Hund, wenn schon vor dem eigentlichen Kommando klar ist, was als Nächstes abgefragt wird. Beobachten Sie erfahrene Teams vor der Unterordnung, vor der Fährtenarbeit oder vor dem Agilityparcours. Sie werden bemerken, dass es einen immer identischen Ablauf gibt, der sich bei Mehrspartenhunden pro Disziplin unterscheidet. Das klassische Beispiel hierfür ist der Schutzhund: Wenn er zur Unterordnung auf den Platz kommt, trägt er ein Kettenhalsband – immer. Er trägt beim Training und bei der Prüfung das gleiche Halsband. Zum Fährten bekommt er ein Geschirr und eine andere Leine. Der Ablauf, wie ihm das Geschirr angelegt wird, gehört für den Hund zur Aufgabe. Es ist für ihn leichter, weil er aufgrund der äußeren Bedingungen voraussieht, was verlangt ist. Dasselbe gilt für Unterordnung und Schutzdienst. Auch hier erkennt der Hund an verschiedenen Punkten, was von ihm als Nächstes erwartet wird.

Jetzt könnte man denken, dass das fürs Agility unnötig ist, denn wenn der Hund vor das erste Gerät gesetzt wird, dann wird er wohl Agility zeigen müssen. Doch trotzdem hilft ein statischer, gleichförmiger Aufbau beiden Teampartnern. Der Hund kann sich mental auf die Aufgabe einstellen und der Mensch hat es bei einem festen Ablauf leichter, sich vorzubereiten. Aus diesem Grund bekommen die Teams die Aufgabe, diesen Ablauf zu standardisieren.

Es ist nicht wichtig, wie genau das gehandhabt wird. Das Einzige, um das es geht: Der Ablauf soll immer gleich sein. Ein Hundeführer setzt seinen Hund vielleicht hin, lässt ihn ein kleines Kunststückchen vorführen und geht dann weg. Ein anderer legt den Hund vielleicht zwischen die eigenen Füße und ein Dritter möchte, dass der Hund kurz bellt. Was auch immer die Teams ausarbeiten – Hund und Mensch sollen ein gemeinsames Ritual haben, das immer identisch aussieht und sie auf die kommende Aufgabe einstimmt.

Identisch bedeutet: Die Leine wird im identischen Moment abgenommen, die Position im Verhältnis zum Hundeführer und zum Gerät ist immer gleich, die Art wie der Hundeführer weggeht bleibt gleich und der Moment des Startkommandos ist gleich.

Besonders gut eignen sich Bestandteile, die Hund und Mensch gemeinsam tun. Der Hundeführer stellt sich breitbeinig auf, der Hund parkt zwischen die Füße. Wie man sieht, haben damit beide Teampartner signalisiert, dass sie bereit sind und loslegen wollen.

Das darf man übrigens auch nicht enttäuschen. Wenn man das Ritual begonnen hat, darf man beispielsweise nicht mittendrin abbrechen, etwa weil man doch noch eine Frage an den Trainer hat. Immer gleich beginnen und von dem Moment des Beginns an voll auf den Hund und die Aufgabe konzentrieren!

Woche 4

Steg – Statische Zonen

Sie wiederholen die A-Wand Übung der Vorwoche dieses Mal auf dem Steg. Der Hund soll lernen, in ruhigem Tempo über den kompletten Steg zu laufen und unten die Rot-Grün-Position einzunehmen. Wie beim Kennenlernen können einige Futterbröckchen auf dem Stegbrett hilfreich sein. Und wie beim letzten Mal gilt: Auf keinen Fall wird der Hund angeleint.

Achten Sie weiter darauf, dass der Hundeführer nicht direkt vor der Hundenase mit einem Leckerchen herumwedelt. Wenn ein Bröckchen zur Motivation verwendet werden soll, dann muss es vor dem Hund auf dem Brettboden entlang geführt werden. Nur so sieht der Hund, wo er hintritt. Hält man es auf Nasenhöhe, so wird der Hund fast unweigerlich seitlich mit dem Hinterteil schwenken und ins Leere treten.

Es ist übrigens auch falsch, den Hund beim Sprung vom Steg auffangen zu wollen. Der Steg ist bewusst niedrig, sodass ein einfacher Sprung aus dieser Höhe nicht gefährlich ist. Wohl gefährlich wird es, wenn der Hundeführer versucht, den Hund zu fangen. Dabei kann er gegen die Ständer schlagen oder sonst wie ungünstig aufkommen. Im Zweifel also einfach einen Schritt beiseite machen, damit der Hund Platz hat, sicher im Gras zu landen.

Überwinden des gesamten Stegs.

Besprechen Sie diesen Sachverhalt im Vorfeld mit dem Hundeführer und vermeiden Sie Hektik und ängstliche Manöver. Je sicherer und souveräner die Zweibeiner agieren, desto eher tut der Hund das, was er soll: Gerade über das Brett laufen.

Falls der Hund die Aufgabe nicht angstfrei erledigen kann, sollten Sie eher einen Schritt zurück auf dem Lernpfad gehen, sodass der Hund oben auf dem waagerechten Teil startet. Ruhige Bestätigungen auf der Zone sind angebracht, kein wildes Spiel und schon gar keine Hektik.

Wenn alles prima klappt, kann der Hund zum Abschluss auch auf der Stegzone sitzend mit der Leine verleitet werden, wie das bei der Wand beschrieben wurde (s. S. 58, Wand – Statische Zonen).

Hürde – Vorschicken und Mitlaufen

Voraus über die Hürde zum Napf.

Bei der Hürde wird in diesem Training der Vorausnapf eingesetzt. Er steht einige Meter hinter dem Sprung. Der Sprung selbst sollte für die Hunde etwa brusthoch sein. Der Hundeführer lässt den Hund sitzen, geht um den Sprung herum und legt ein Bröckchen hinein. Dann geht er zurück zum Hund und gibt das Hürdenkommando. Der Hund soll daraufhin allein springen und zum Napf laufen. Für den Hund stellt das normalerweise kein Problem dar.

Sie können die Übung deshalb dazu benutzen, einige grundsätzliche Dinge beim Hundeführer zu trainieren. Zunächst einmal das Startverhalten. Achten Sie auf exakt gleiche Ausführung und die Umsetzung der Hausaufgabe. Und dann das Führen selbst. Am Anfang werden die Hundeführer viel zu viele Kommandos geben. Sie sagen den Namen des Hundes, sie sagen das Vorauswort, sie verbinden alle diese vielen Wörter mit „und" oder Sätzen wie: „Mach du fein Hopp".

Sie sollten in dieser Übungsstunde ganz genau darauf achten und auf all diese überflüssigen Worte hinweisen. Und zusätzlich schauen Sie noch auf die Handzeichen. Der Hundeführer sollte mit der Hand, die dem Hund am nächsten ist, eine flüssige Armbewegung zur Unterstützung einsetzen. Nicht mit der anderen Hand und auch nicht mit der Leine in der Hand.

Der Grund für dieses Detail ist in diesen Bildern leicht zu erkennen. Wenn der Hundeführer die hundnahe Hand verwendet, sieht der Hund später beim Führen den ganzen Arm und die Hand – von der falschen Hand, sieht er durch den Hundeführer verdeckt bestenfalls die Fingerspitzen.

Am Ende der Einheit sollte der Hund wahlweise allein auf das Sprungkommando über die Hürde zum Napf arbeiten oder an der Seite des Hundeführers, links wie rechts, harmonisch über die Hürde springen.

Richtige Hand des Hundeführers.

Falsche Hand des Hundeführers.

Stofftunnel – Abrufen und Schicken

Abrufen durch den Stofftunnel.

Der Ablauf am Stofftunnel wird in dieser Woche standardisiert, ähnlich wie beim Sprung. Zusätzlich wird der Rest der Trainerhilfe am Stoff abgebaut. Am Ende der ersten Woche sollte der Hund akzeptieren, dass der Stoff ihn berührt. Nach dieser Einheit soll er ihn vollständig selbst hochheben.

Der Startpunkt für den Hund ist in gerader Linie fünf Meter vor dem Tunneleingang. Dort nimmt er die Startposition ein. Der Hundeführer geht bis zum Ende des Tunnels. Fünf Meter hinter dem Tunnel steht der Napf, der Trainer hebt den Stoff wie vorher leicht an. Der Hundeführer zählt langsam bis zehn und gibt dann erst das Hörzeichen. Hund und Hundeführer laufen geradeaus los und der Hundeführer wirft seine Bestätigung in den Napf.

Die Übung sollte mehrmals von beiden Seiten aus absolviert werden. Der wichtige Part ist, dass der Hund auf das Kommando wartet und erst dann – dem Idealbild folgend – gerade und schnell das Gerät absolviert. Auch hier achten Sie als Trainer wieder auf die richtige Hand und das richtige Kommando. Außerdem lassen Sie den Stoff jedes Mal etwas tiefer sinken, sodass der letzte Versuch komplett ohne Anheben des Stoffs klappen sollte.

Für die letzte Aufgabe, das Schicken, wird hinter das Gerät der Hundenapf gestellt. Der Hund bekommt gezeigt, wie seine Belohnung dort positioniert wird. Er geht mit dem Hundeführer zum Start. Der Hundeführer steht seitlich versetzt zwischen Hund und Gerät. Der Trainer hebt den Stoff nun nicht mehr hoch. Stattdessen geht er als zusätzliche Ablenkung zwischen Hund, Hundeführer und Tunnel entlang. Der Hund soll während dieser Verzögerung sitzen bleiben. Erst danach gibt der Hundeführer das Tunnelkommando. Er benutzt die Hand, die dem Hund näher ist, für ein Sichtzeichen. Der Hundeführer deutet nur einen Schritt an, bleibt aber an seiner Position, der Hund absolviert den Tunnel und holt sich die Belohnung aus dem Napf.

Slalom 20 cm mit Bögen

Der Slalom wird in dieser Woche etwas enger gestellt, dafür kommen wieder die Hilfsbögen dazu. An dieser 20-cm-Gasse wird das Mitlaufen auf beiden Seiten trainiert, ebenso das Abrufen wie auch das Vorschicken. Dabei achten Sie als Trainer auf Action und Spiel im Zielbereich. Das ist besonders in dieser Woche wichtig, da die übrigen Einheiten viel stärker standardisiert worden sind. Um dieser starken Kontrolle entgegenzuwirken, wird das Spiel am Slalom gespielt.

Das Spiel ähnelt dem, das schon einmal in Woche 2 gespielt wurde, doch dieses Mal kommt zu dem Geschwindigkeitsfaktor noch der Winkel, in dem der Hund sich nähert. Ein Markierungshütchen steht fünf Meter vor und hinter dem Slalom, einmal auf 11 Uhr und einmal auf 1 Uhr. Der Hundeführer hat die Aufgabe, den Hund von dort durch den Slalom, oben um das Hütchen und wieder zurück durch den Slalom zum Startpunkt zu lotsen.

Die Zeit wird gestoppt, sodass ein Gewinner ermittelt werden kann und etwas Schwung in die Sache kommt. Bei dieser Übung sollten die Hundeführer automatisch auf der einen Seite nach oben führen und den Hund auf dem Rückweg an der anderen Hand haben. Das zeigt Ihnen als Trainer, dass den Hundeführern der Seitenwechsel inzwischen ganz normal vorkommt und Sie können auch bewerten, ob die Hunde auf beiden Seiten gleichmäßig gut arbeiten.

Hausaufgabe – Abrufen

Auch die Hausaufgabe ist ein Actionelement. Der Hund soll lernen, in maximalem Tempo in Richtung Hundeführer zu arbeiten.

Dazu wird er von einer Hilfsperson festgehalten und abgerufen. Je länger die Distanz und je mehr der Hundeführer sich dabei zum Kasper macht, desto höher ist das Tempo des Hundes. Genau das ist gewünscht. Beim Hundeführer angekommen soll sofort ein wildes Spiel folgen. Auf keinen Fall soll der Hund am Ende vorsitzen oder andere bremsend-kontrollierende Elemente erleben.

Wenn das gut klappt, wird der Hund aus dem freien Sitzen oder Liegen heraus gerufen. Dabei ist das Gleichgewicht zwischen dem Bleiben und dem Tempo wichtig. Wenn dem Hund energisch „Platz" kommandiert wird und der Hundeführer keine Spannung aufbaut, dann bleibt er zwar todsicher liegen, kommt aber nur langsam. Umgekehrt wird der Hund, bei dem der Hundeführer zu viel Spannung aufbaut, zu Frühstarts neigen.

Dieses Gleichgewicht ist etwas sehr hundeindividuelles und es erfordert ein wenig Erfahrung, die das Team genau in dieser Woche sammeln soll. Wie viel darf ich machen, wann hält der Hund es nicht mehr aus? Aber wie baut man überhaupt Spannung auf?

Hund und Hundeführer entspannt.

Hund und Hundeführer in angespannter Wartehaltung.

Schauen Sie sich die Bilder an und vergleichen Sie den Gesichtsausdruck des Hundes in beiden Situationen. Sehen Sie dabei auch den Hundeführer an. Er baut Spannung auf. Er hat eine geduckte Haltung, als ob er gleich lossprinten will, er ist vornübergebeugt, er ist leicht in Laufrichtung gedreht, er hält die Luft an, spannt alle Muskeln an, vielleicht zuckt er sogar einige Male, ohne dass es schon losgeht. Und dann wird er mit dem Abrufkommando explosionsartig losrennen. So wird Spannung aufgebaut und so entsteht ein gutes Abrufen!

Woche 5

Wippe – Theorie und Kennenlernen

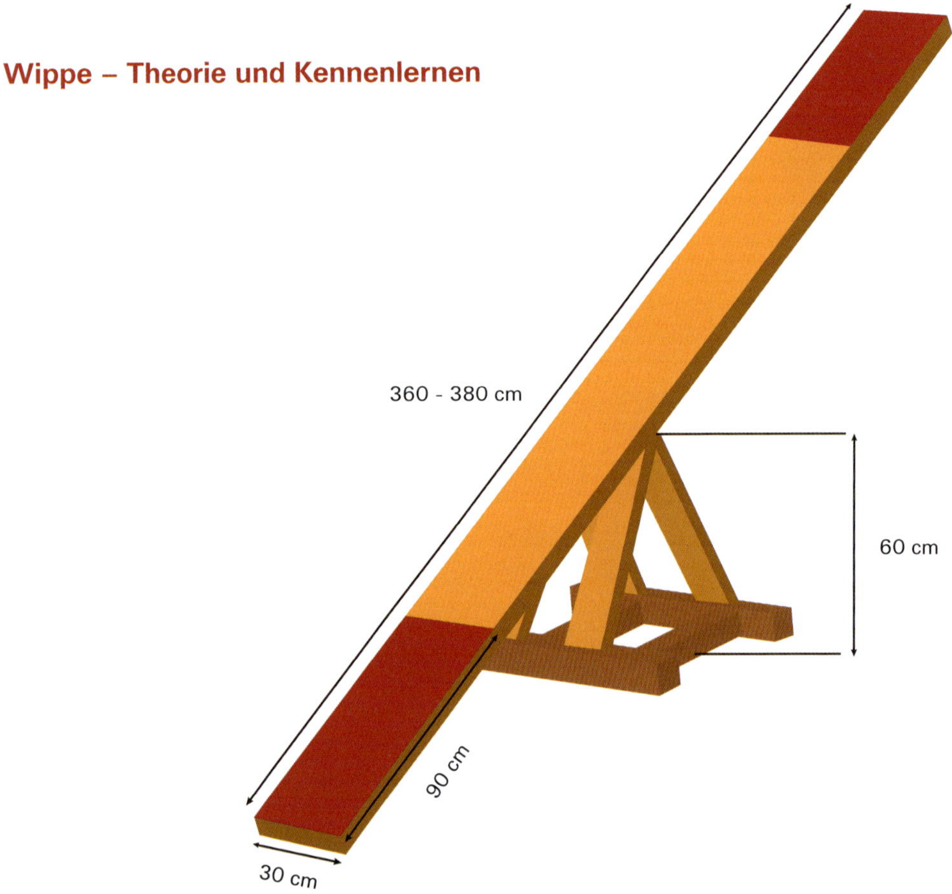

Idealbild Wippe

Der Hund bekommt das Kommando für die Wippe. Beispiele sind: Wippe, Rüber, Hoch, Seesaw … Er läuft zielstrebig auf die Wippe zu, berührt auf der aufsteigenden Seite die Zone und läuft zügig über den Mittelpunkt. Etwa auf Höhe des Kipppunktes ertönt das Kommando für die Kontaktzone. Auch hier wird wieder dasselbe Kommando verwendet wie bereits bei Wand und Steg. Der Hund nimmt das Tempo selbstständig so weit zurück, dass er am unteren Ende des Bretts zum Halten kommt. Er verlässt erst nach dem Freigabekommando diese Position, frühestens, nachdem das Brett auf dem Boden angekommen ist.

Die Wippe ist ein Gerät, das viele Tücken birgt. Hunde, die hier in der Lernphase Negativerfahrung gemacht haben, werden lange daran arbeiten müssen, wieder vertrauensvoll das Gerät zu absolvieren. Deshalb verwenden Sie viel Zeit auf den besonderen Teil der Wippe: das Kippen.

Haben Sie sich das Idealbild angesehen? Ist Ihnen der Unterschied zum Steg aufgefallen? Richtig, an der Wippe muss der Hund nicht zwingend die Vorderpfoten ins Gras stellen. Dafür gibt es einen Grund. Bei leichteren Hunden schlägt die Wippe nach dem Umkippen wieder nach oben zurück. Wenn der Hund dann halb im Gras steht, schlägt ihn die Kante des Bretts in den Bauch. Das ist unschön. Auch für die Wirbelsäule ist dieser erzwungene Handstand mit Ruck ungesund.

Der Grund, warum an Steg und Wand die Zone Rot-Grün gearbeitet werden sollte, war ja, damit eine eindeutig richtig oder falsche Situation entsteht. An der Wippe kommt der Faktor dazu, dass das Brett am Boden sein muss, bevor der Hund weiter darf. Dadurch ist das richtige Verhalten eindeutig und es ist nicht mehr notwendig, dass er auch die Vorderpfoten ins Gras setzt. Sie streben also eine Position noch auf dem Brett, aber so nah wie möglich vorn am Rand an.

Sie beginnen nun auf keinen Fall den soeben mühevoll erarbeiteten Steg dadurch zu riskieren, dass das Brett unter dem Hund plötzlich schaukelt. Stattdessen bringen Sie den Hund in eine aktive Position, er soll das Schaukeln auslösen. Die erste Aufgabe ist deshalb das Herunterdrücken des Brettes.

Die Wippe wird so aufgestellt, dass die schwere Seite, also der Aufgang, auf einem Stuhl abgestützt wird. Die leichte Seite soll etwa in Hundenasenhöhe schweben. Jeder Hundeführer geht zu dieser Konstruktion und drückt einmal das Brett geräuschvoll auf den Boden. Der Hund muss dabei nichts tun. Sofort beim Geräusch bekommt der Hund ein Leckerchen. Die wartenden Hunde sollten dicht genug stehen, um das Geräusch mitzubekommen. Unsichere Hunde dürfen diese Aufgabe auch mehrmals absolvieren.

Wenn die Hunde sich nicht mehr erschrecken, geht der Hundeführer erneut zum Brettende und versucht mit einem Leckerchen, den Hund mit den Vorderpfoten auf das Ende zu locken. Der Hund soll selbstständig das Brett auf den Boden drücken, woraufhin er ebenfalls ein Leckerchen erhält. Auch diese Übung darf mehrmals wiederholt werden.

Warum wird das so umständlich gemacht? Die Hunde erfahren mehrere Dinge: Das Brett macht Geräusche und es bewegt sich. Aber sie werden nicht in passiver Haltung mit dieser Erkenntnis überfallen. Sie selbst bewegen es, sie selbst machen das Geräusch – und sie bekommen dafür eine Belohnung. So entsteht ein gutes erstes Erlebnis.

Als zweite Aufgabe in dieser Kennenlernen-Einheit steht das Balancieren auf wackligen Untergründen. Das soll idealerweise nicht die Wippe sein. Es könnte ein Bällchenbad sein, ein Trampolin oder ein zu schlapp aufgeblasener Hüpfball. Es geht darum, dass sich etwas unter den Pfoten komisch anfühlt. Die Hundeführer, deren Hunde hier Schwierigkeiten zeigen, sollten auch zu Hause weiter nach komischen Untergründen Ausschau halten und Balanceübungen absolvieren.

Schließlich, als abschließende Übung, wird die Wippe im Normalzustand, also in der niedrigen Kurstrainingshöhe, vom Trainer fixiert, indem er sich auf den Aufstieg stellt. Jeder Hund darf einige Male von unten bis ganz oben laufen, ohne dass sich das Brett dabei bewegt. Oben in der Zone bekommt er ein Leckerchen und wird dann heruntergehoben. Achten Sie darauf, dass der Hund sich tatsächlich bis ganz oben zum Rand wagt.

Weitsprung – Abrufen und Schicken

Am Weitsprung ist der Hundeführer bis jetzt immer seitlich mitgelaufen. In dieser Woche soll er seinen Hund über das Gerät abrufen und schicken. Der Ablauf ist bereits bekannt. Auch hier sollte auf korrekte Durchführung geachtet werden. Der Hund wartet, der Hundeführer baut Spannung auf (an die Hausaufgabe denken), er gibt ein Kommando und unterstützt mit einer fließenden Bewegung der richtigen Hand und der Hund überwindet das Gerät schnell. Achten Sie auf das korrekte Warten. Bei zu großem Eifer kann es auch hilfreich sein, einen Durchgang einzufügen, in dem der Hund sitzt und einfach wieder abgeholt und fürs Warten belohnt wird. Das sichert das Warten ab.

Abrufen über den Weitsprung.

Tunnel – Vorschicken, Abrufen, Mitlaufen

Ein wichtiger Hinweis, bevor Sie diese Arbeit am Tunnel aufnehmen. Gerade in diesen Einheiten ist es wichtig, dass keine Verweigerungen akzeptiert werden. Wenn der Hund die Übung nicht auf das erste Hörzeichen hin richtig ausführt, machen Sie den Übungsaufbau leichter und beginnen von vorn. Auf gar keinen Fall darf der Hundeführer (beim Vorschicken besonders häufiger Fehler) wieder und wieder das Kommando rufen, in der Hoffnung, dass der Hund das Wunschverhalten dann doch irgendwann zeigt.

Vorschicken durch den geraden Tunnel.

Stattdessen bekommt der Hund nur einen einzigen Versuch. Klappt es nicht, stellt sich das Team direkt wieder hinten in die Reihe. Natürlich wird der Hund nicht ausgeschimpft. Stattdessen sitzt er beim nächsten Mal näher am Tunnel, der Napf ist näher am Gerät oder der Trainer hilft stärker, um einen erneuten Fehler zu verhindern. So konzentriert sich der Hundeführer optimal und der Hund lernt von Anfang an, dass eine sofortige richtige Reaktion nötig ist, um die Belohnung zu erreichen.

Der Hund kennt schon das Geschicktwerden zu einem Napf. Diesen Napf stellen Sie jetzt zwei Meter hinter den Tunnel und legen ein besonders gutes Leckerchen hinein. Das darf ruhig etwas theatralisch sein und der Hund soll dabei zusehen und dicht genug sein, um zu schnuppern, was das Gutes ist. Danach wird der Hund an der Leine zum anderen Ende des Tunnels geführt. Dabei sollen keine Kommandos gegeben werden. Der Hund soll nicht bei Fuß gehen, er soll auch nicht aufmerksam dem Hundebesitzer folgen. Er soll Richtung Leckerchen orientiert bleiben. Der Trainer bleibt am Napf stehen. Der Hundebesitzer leint den Hund nun ab, hält ihn aber noch fest. Sobald er das Gefühl hat, der Hund schaut durch den Tunnel zu dem Napf, lässt er ihn los. Rennt der Hund durch den Tunnel, ist alles prima.

Falls er sich im letzten Moment doch noch außen herum mogelt, nimmt der Trainer schnell den Napf hoch. Wenn alles gut klappt, wird der Abstand bis auf ungefähr vier Meter erhöht, der Winkel ist aber immer noch genau gerade. Schließlich wird die Übung variiert, sodass der Hund zunächst frei einen Moment warten muss, bevor er das Kommando Tunnel erhält und in den Tunnel läuft. Dabei soll der Hundebesitzer mal auf der linken und mal auf der rechten Seite stehen und jeweils mit dem Arm nach vorn-unten zeigen, der auf der Seite des Hundes ist. Er kann auch einen angedeuteten Ausfallschritt Richtung Eingang machen. Am Ende sieht der Ablauf wie folgt aus:

Der Hund sitzt frei vor dem Tunnel, dahinter steht der gefüllte Napf. Der Hundeführer steht auf der Höhe zwischen Tunnel und Hund seitlich versetzt. Er gibt mit dem Arm, dem Schritt und dem Kommando das Signal, woraufhin der Hund durch den Tunnel zum Napf wetzt.

Im nächsten Schritt läuft die Tunnelübung ganz ähnlich ab, nur dass der Napf jetzt durch den Hundeführer ersetzt wird. Der Hund sitzt an derselben Stelle, der Hundeführer geht hinter den Tunnel und ruft den Hund mit dem Kommando „Tunnel" ab. Wichtig: als Erstes muss das Kommando „Tunnel" kommen. Nicht der Name, nicht das Abrufkommando! Dieser Schritt stellt normalerweise kein Problem mehr dar, wenn die vorigen Schritte sorgfältig genug wiederholt wurden. Falls der Hund hier doch Fehler macht, sollten die vorigen Schritte, insbesondere das Vorschicken, noch intensiver geübt werden.

Für die Übung **„Mitlaufen"** wird der Hund wieder vor dem Tunnel positioniert, der Hundeführer steht zwischen Hund und Tunnel. Aber hinter dem Tunnel steht nun kein Napf mehr. Der Hundeführer zeigt mit der Hand auf der Hundeseite und macht den Ausfallschritt. Beim Kommando läuft er aber selbst mit los und am Tunnel vorbei. Hinter dem Tunnel ist es wichtig, noch mindestens fünf Meter geradeaus zu laufen, bevor der Hund aus der Hand bestätigt wird. Falls er sehr schnell oder der Hundebesitzer sehr langsam ist, muss der Hund weiter zurück positioniert werden, damit das Team am Tunnelausgang nicht kollidiert. Das Weiterlaufen ist vor allem deshalb wichtig, damit der Hund nicht erwartet, dass es am Ausgang des Tunnels immer scharf nach rückwärts geht. Denn im Idealbild ist festgelegt: Er soll mit hoher Geschwindigkeit herauskommen.

Slalom 20 cm offen

An dem offenen Slalom wird in dieser Woche das Mitlaufen weiter gefestigt. Die schrägeren Eingangswinkel können noch etwas gesteigert werden. Am Ende der Übungsstunde sollte mehr als die Hälfte der Durchgänge fehlerfrei sein, wenn der Hund zwischen 10 und 11 beziehungsweise zwischen 1 und 2 Uhr startet. Achten Sie darauf, dass hinter dem Slalom noch einige Meter geradeaus gelaufen wird, bevor der Hund die Belohnung erhält, damit der Vorwärtsdrang nicht an den letzten Stangen gebremst wird.

Hausaufgabe – Erste Führübung

Bei der Hausaufgabe wird heute zum ersten Mal eine vorbereitende Führübung gezeigt. Das ist ein spannender Moment, denn es muss dem Trainer gelingen, den Sinn der nachfolgenden Übung zu erläutern.

Idealerweise hat der Trainer oder eine Hilfsperson einen eigenen Hund mit Agilityerfahrung dabei, um die Ausführung genau zu demonstrieren. Für die Aufgabe werden einige Verkehrshütchen in der Nähe der Geräte willkürlich auf den Platz gestellt.

Der erste Teil der Hausaufgabe ist das Laufen im Kreis um den Hundeführer. Dazu demonstriert man, wie der Hund dem ausgestreckten Arm in einem Bogen folgt. Der Hundeführer läuft dabei einen kleinen Kreis, etwa im Durchmesser von drei bis vier Metern, der Hund läuft außen einen größeren Kreis mit dem Durchmesser von etwa fünf oder sechs Metern. Dabei soll alles zügig und dynamisch vonstattengehen. Die Demonstration sollte auch zeigen, dass die Aufgabe nur im flotten Rennen gut geht, denn wenn man gemächlichen Schrittes marschiert, kommt der Hund nicht auf die größere Kreisbahn.

Die Fähigkeit, der Bewegung des Hundeführers kreisförmig zu folgen, ist von Haus aus da. Alle Hunde tun das von alleine. Als Beweis kann der Trainer das mit einem der Kurshunde demonstrieren. Es sollte ein Hund sein, der gewillt ist, für eine Belohnung mit einem Fremden mitzugehen. Es klappt nicht mit Hunden, die dann besorgt zum Besitzer laufen möchten.

In dem ersten Teil der Hausaufgabe geht es darum, dieses Verhalten zu kultivieren und abrufbar zu machen. Folgende Probleme können auftreten: Der Hund läuft nicht mit. Dann ist die Belohnung in der Hand des Hundeführers nicht aufregend genug. Der Trainer sollte zeigen, wie man den Vierbeiner so richtig wild auf das Spielzeug macht. Spielzeug eignet sich hier besser als Futter. Denn wenn der

Führtechnikübung "außen".

Hund gerade in hoher Geschwindigkeit kreisförmig läuft, bietet es sich an, die Vorwärtsbewegung zu festigen, indem man die Belohnung in dieselbe Richtung vor den Hund wirft. Falls der Hund ungern spielt, könnte ein Futterbeutel helfen. Den muss er hinterher übrigens nicht apportieren, aber er soll die Belohnung während der Aktion erhalten und nicht erst bremsen und zum Besitzer kommen.

Das zweite Problem, das gelegentlich bei diesem Training auftaucht, ist genau gegensätzlich: Hunde, die komplett überdrehen, sich bellend in Rage rennen und schließlich nach dem Besitzer schnappen. Diese Hunde kann man besser mit Futter und Ruhe belohnen und wann immer sie in ihrer Aktion zu heftig werden, sollte die Übung unterbrochen werden. Relativ schnell sollte man mit ihnen zum zweiten Teil der Aufgabe übergehen.

Für die zweite Aufgabe benötigen Sie die Hütchen. Der Hund befindet sich an einer Seite des Hundeführers und wird mithilfe eines Leckerchens aus einem kleinen Bogen heraus um das Hütchen gelotst.

Anfangs wandert die Futterhand noch komplett mit um das Hindernis, aber nach einigen Wiederholungen kann die Hilfe nach und nach abgebaut werden. Im Laufe der Woche sollten alle Hunde lernen, aus zwei Meter Entfernung alleine um ein Hütchen zu laufen.

Die zu heftigen Hunde aus Aufgabe 1 können hier mit Hütchen bereits einen Kreis angedeutet bekommen, indem drei Hütchen im Dreieck aufgestellt sind. So kann eine konkrete Aufgabe daraus gestaltet werden. Je mehr diese Übung das Hirn des Hundes fordert, umso besser hilft das gegen übersteigerte Wildheit.

Zu Hause haben die Besitzer natürlich in der Regel keine Verkehrshütchen, aber mit 1,5 Liter Plastikflaschen funktioniert die Aufgabe genauso gut. Man könnte auch Stangen in den Boden rammen, aber dabei besteht die Gefahr, dass der Hund das mit dem Slalom und dem Eingang verwechselt.

Um den Sinn und die Zielsetzung deutlicher zu machen, kann die Demonstration zeigen, wie sich der erfahrene Hund aus diesen Führübungen heraus auch zu Geräten schicken lässt. Die Teilnehmer sollen verstehen, dass Agility genau diese Kombination aus gesteuertem Laufen und Geräten ist.

In dieser und kommenden Hausaufgaben bilden die Teilnehmer mit den Führübungen den kompletten Ablauf eines Parcours nach, nur dass auf dem Weg noch keine Geräte stehen.

Laufen um ein Hütchen.

Woche 6

A-Wand – Dynamische Zonen

In dieser Einheit wird der Hund an der Zone etwas herausgefordert. Er kann bereits über die A-Wand laufen und unten anhalten. Sie versuchen jetzt die Hilfen des Hundeführers, die dazu nötig sind, einzuschränken. Der erste Durchgang ist eine Wiederholung des Ablaufs. Achten Sie auf den Hundeführer. Kontrollieren Sie, dass der Hund auf das Startkommando wartet und dass das Startkommando aus einem Wort besteht, nämlich dem Gerätekommando. Oben auf der A-Wand sollte das Zonenkommando erfolgen und unten dann die Belohnung mit der richtigen Hand. Erst nach dem Freigabewort darf der Hund vom Gerät runter.

Wenn der Ablauf inhaltlich gut funktioniert, ergänzen Sie folgende Übung: Der Hund ist auf der Zone und der Hundeführer bewegt sich weiter in Laufrichtung. Zunächst nur einen Schritt, danach direkt zurück und Belohnung. In jedem weiteren Durchgang einen Schritt mehr. Das Ziel dieser Einheit soll sein, dass der Hundeführer in einer halbwegs flüssigen Be-

Dynamische A-Wand-Zonen.

wegung an der Wand vorbeilaufen kann und der Hund dabei trotzdem auf der Zonenposition verharrt. Das erfordert einige Wiederholungen, doch die dienen auch der Verinnerlichung der richtigen Kommandos und Hilfen des Hundeführers.

Diese Übung war die Letzte an der A-Wand.

Genau das wird auch die Aufgabe am Abschlusstag sein. Besprechen Sie mit den Hundeführern noch einmal alle Fragen zum Regelwerk und stellen Sie sicher, dass die Hunde das Gerät ausreichend gut verinnerlicht haben. Achten Sie besonders auf den richtigen Ablauf der Kommandos und die Körpersprache und vergleichen Sie die Durchführung mit dem Idealbild.

Reifen – Vorschicken und Abrufen

Der Reifen ist dem Team bereits bekannt. In dieser Übungseinheit lernt der Hund, selbstständig die Mitte zu finden. Wie immer beim Vorschicken und Abrufen beginnen Sie mit dem Rufen.

Der Hund wird drei Meter vor dem Gerät zurückgelassen, der Trainer sichert nötigenfalls. Der Besitzer geht hinter den Reifen und stellt sich so auf, dass er den Hund durch die Öffnung ansehen kann. Der Hund muss durch den Reifen den weiteren Weg sehen, nicht die Beine des Besitzers. Nur am Rand der Öffnung sollen der Arm und die Belohnung zu sehen sein. Der Trainer achtet auf die korrekte Position des Hundeführers.

Wenn der Hundeführer richtig steht, gibt er das Reifenkommando und der Trainer lässt den Hund los. Der Hund macht denselben Sprung wie bei der Gewöhnungsübung in dritten Woche. Der Besitzer läuft einige Schritte geradeaus weiter und gibt die Belohnung dort. Dieser Vorgang wird zwei bis drei Mal wiederholt. Dabei werden der Abstand des Hundes zum Gerät und auch der Abstand des Hundeführers nach hinten ausgebaut. Im letzten Durchgang sollten es jeweils ungefähr fünf bis sechs Meter sein. In dieser Phase wird auf den zweiten Übungsteil, das Vorausschicken, gewechselt. Dort, wo der Hundeführer vorher stand, positioniert er, für den Hund gut sichtbar, den Napf. Dann geht er zurück zum Hund. Der Trainer geht auf eine Höhe mit dem Napf, aber seitlich versetzt. Der Hund soll ihn durch den Reifen nicht sehen, aber er muss so dicht sein, dass er im Fehlerfall schneller am Napf ist als der Hund.

Der Hundeführer gibt das Reifenkommando und zeigt in einer fließenden Bewegung nach vorne-unten. Der Hund soll daraufhin vorwärts durch den Reifen zum Napf laufen. Dabei können folgende Fehler passieren:

Der Hund löst sich gar nicht und bleibt beim Hundeführer. Dann ist es die Aufgabe des Trainers, geräuschvoll gegen den Napf zu klopfen und zu locken. In den weiteren Durchgängen kann diese Hilfe abgebaut werden.

Der Hund läuft am Reifen vorbei zum Napf. Dann läuft der Trainer zum Napf und hebt ihn hoch, sodass der Hund keine Belohnung bekommt. Für die folgenden Übungen wird der Abstand zwischen Hund und Napf verringert.

Am Ende der Einheit sollten alle Hunde aus drei Meter Entfernung zum drei Meter hinter dem Reifen stehenden Napf vorauslaufen können.

Stofftunnel – Mitlaufen

Die Hunde beherrschen bereits das Abrufen durch den Stofftunnel. Aus dieser Übung entwickeln Sie das Mitlaufen. Der Besitzer steht jetzt nicht mehr ganz am Ende, sondern einen Schritt Richtung Hund neben dem Stoffteil. Hinter dem Tunnel steht der Napf.

Der Napf als Ziel hat hier gleich zwei Vorteile. Zunächst lernt der Hund, den Stofftunnel gerade zu durchqueren. Das ist sehr wichtig, denn wenn er bereits im Stoffteil zu sehr nach links oder rechts driftet, verwickelt er sich automatisch. Und weiter lernt er nach unten zu schauen, wenn er herauskommt. Denn auch das Hochspringen im Stoff führt zu Verwicklungen. Deshalb darf nach dem Stofftunnel niemals mit einem Spielzeug nach schräg oben geworfen werden.

Am Ende dieses Teils sollte der Hundeführer neben dem Hund stehen können, Abstand etwas über einen Meter und auf das Tunnelkommando laufen beide los, der Hund durch den Tunnel. Einen Moment, nachdem der Hund am Napf ist, sollte der Hundeführer ihn erreichen und den Hund belohnen. Der Trainer achtet darauf, dass der Hundeführer das gleichmäßig oft von beiden Seiten trainiert.

Als letzte Übung zur Auflockerung eignet sich folgendes Spiel: Hund und Hundeführer starten gemeinsam und der Hundeführer versucht vor dem Hund am Napf zu sein, um das Bröckchen zu stehlen, das darin liegt. Dabei wird das Wissen vom Weitsprung über den richtigen Weg erneut hilfreich sein. Natürlich bekommt der

Wettrennen zum Napf hinter dem Stofftunnel.

Hund das Leckerchen auch, wenn er als Zweiter am Napf ankam. Wer Lust hat, macht auch daraus ein Spielchen: Wie viel Vorsprung braucht welcher Zweibeiner, damit er noch vor dem Hund am Ziel ist?

Slalom 15 cm Bögen

Am Slalom ist die Gasse heute nur noch 15 cm weit geöffnet und mit Bögen abgesichert. Wiederholen Sie an diesem Gerät die Abläufe: Abrufen, Vorausschicken und Mitlaufen. Als besondere Herausforderung laufen heute die Hundeführer am Ende nicht geradeaus, sondern schräg. In einem leichten Bogen laufen sie auf den Bereich zwischen 2 und 3 Uhr beziehungsweise den Bereich zwischen 9 und 10 Uhr, bezogen auf die letzte Stange, zu. Die Hunde zeigen nun vermutlich schon erste Schwungbewegungen. Achten Sie auf Rhythmus und Gleichmaß.

Hausaufgabe – Belgier

In Sachen Führübung widmen Sie sich nun dem ersten Wechsel. Beim Agility üben Sie bewusst, die Geräte von beiden Seiten zu absolvieren. Wenn der Parcours später einen Verlauf nach links hat, läuft der Hundeführer mit dem Hund auf der rechten Seite. Dreht der Parcours sich im Uhrzeigersinn, wird der Hundeführer innen sein und den Hund deshalb links haben. Das hat zwei Gründe. Der einleuchtendste ist natürlich, dass der Weg so für den

Zweibeiner kürzer wird. Der wichtigere ist aber: Für den Hund ist durch die Position der weitere Verlauf vorauszusehen.

Der Hund hat ein Bedürfnis, uns in Kreisen zu umrunden. Aus dieser Erkenntnis haben Sie ja bereits in der letzten Woche die Kreisübung aufgebaut. Um später dem Hund den Weg gut zeigen zu können, sollten sich die Hundeführer also idealerweise immer im Inneren des Kreises befinden. Nun hat ein Parcours aber fast nie einfach eine Kreisbahn. Stattdessen dreht er mal rechts und mal links herum. An den Punkten, an denen die Drehrichtung wechselt, muss der Hundeführer also irgendwie auf die andere Seite gelangen. Diese Übung heißt „Wechsel", das ist die Kurzform von Handwechsel.

Der erste dieser Wechsel im Kurs ist der „Belgier". Er heißt so, weil in der Anfangsphase belgische Agilitysportler dafür bekannt waren, zuerst und auch am häufigsten diese Methode anzuwenden. Der Vorteil bei dieser Methode ist: der Hund ist die ganze Zeit im Blickfeld des Hundeführers und somit unter Kontrolle. Der Hundeführer muss allerdings dafür einen recht komplexen Bewegungsablauf durchführen.

In der Fotoserie ist der Belgier gezeigt. Der Hund beginnt auf der linken Seite des Hundeführers, und soll am Ende des Wechsels auf der rechten Seite sein. In einem Parcours wäre er also aus einer Bewegung im Uhrzeigersinn gekommen und würde nach dem Wechsel in eine

Belgischer Wechsel.

Bewegung gegen den Uhrzeigersinn weiterlaufen. Der Einfachheit halber machen Sie den Wechsel an dem Hütchen aus der Hausaufgabe. Dabei kann der Hundeführer sich ganz auf sich selbst konzentrieren, der Hundeweg beschreibt einen Halbkreis um das Hütchen.

Der Hundeführer schickt also seinen Hund mit der linken Hand um das Hindernis und bewegt sich rückwärts-seitwärts während der Hund den Bogen läuft. Bis der Hund herum ist, ist er so weit rückwärts gelaufen, dass er ihn mit der rechten Hand annehmen kann. Dabei kann der Hundeführer Hund und Hindernis konstant im Auge behalten.

Genau diesen Wechsel sollten Sie jetzt ihren Trainingsteilnehmern einmal demonstrieren. Hilfreich ist ein Spielzeug oder Futter in der linken Hand, das der Hundeführer im Wechselmoment vor dem Körper in die andere Hand gibt. Jeder Teilnehmer sollte das mindestens drei Mal mit einem imaginären Hund im Fluss absolvieren. Erst danach darf jeder Teilnehmer das Manöver einmal mit dem Hund gemeinsam probieren.

Um das Verständnis des Ablaufes zu testen, macht jeder Hundeführer dieselbe Übung seitenverkehrt ohne Hund, bevor die Teilnehmer in ihre Übungswoche nach Hause geschickt werden.

Woche 7

Wippe – Kippen

Wippe kippen.

In dieser Woche soll der Hund das Kippen kennenlernen. Er sollte mit der Wippe Positives verbunden haben und nun geht es darum, ihn mit dem Ablauf vertraut zu machen.

Der Hundeführer führt den Hund am Halsband über das Gerät. Das Ende der Wippe darf dabei nicht höher als kniehoch sein. Eine Hilfsperson sichert das Ende der Wippe. Das klappt am besten am Aufstieg, indem er dort die Bewegung des Bretts kontrolliert. Dann stehen sich der Helfer und Trainer und Hundeführer nicht im Weg. Der Trainer geht auf der anderen Seite parallel mit, wie beim Steg. Das sorgt für Sicherheit. Der Helfer signalisiert, wenn er Gewicht auf dem Ende spürt, also in dem Moment, in dem sich das Brett aus eigener Kraft bewegen würde. Der Hundeführer sichert daraufhin seinen Hund gut ab. Dazu hält er weiterhin das Halsband und legt den freien Arm zusätzlich um den Körper. Erst, wenn er sicher ist, dass er den Hund gut im Griff hat, signalisiert er dem Helfer, die Wippe abzusenken. Dieser lässt die Wippe langsam und gleichmäßig auf den Boden ab.

Dieser Ablauf sollte vorher intensiv mit den Teilnehmern besprochen werden, damit jeder weiß, was er tun soll. Es ist sehr wichtig, dass diese Übung gelingt. Wenn der Hund sich dem Kippen durch Abspringen entzieht, ist das später schwer zu korrigieren. Darum besser zu gut festhalten, als dass der Hund herunterspringt.

Auf gar keinen Fall darf der Hund am Kipppunkt geschaukelt werden. Das ängstigt fast alle Hunde, und da sie nicht entweichen können, werden sie dauerhaft eine negative Assoziation mit der Situation haben. Stattdessen wird das Gerät einfach abgesenkt. Sobald es den Boden berührt, sollte der Hundeführer ganz genau auf seinen Vierbeiner achten. Wenn er sich nach vorn orientiert und nach unten auf die Zone, dann gibt er nach und führt den Hund die zweite Hälfte herunter.

Dieser Ablauf wird sehr häufig wiederholt. Hochlaufen, festhalten, umkippen, herunterlaufen. Auch wenn Sie das Gefühl haben der Hund würde es auch frei beherrschen, ist es besser, einige zusätzliche Durchgänge zum Absichern zu verwenden. Der Hund wird in dieser Übung komplett festgehalten, während sich das Brett bewegt. Dafür wird die Kippgeschwindigkeit in jedem Durchgang weiter erhöht. Am Ende der Woche sollte das Brett einfach fallen gelassen werden und der Hund dabei ganz entspannt sein.

Tunnel – Eingangswinkel und Biegungen

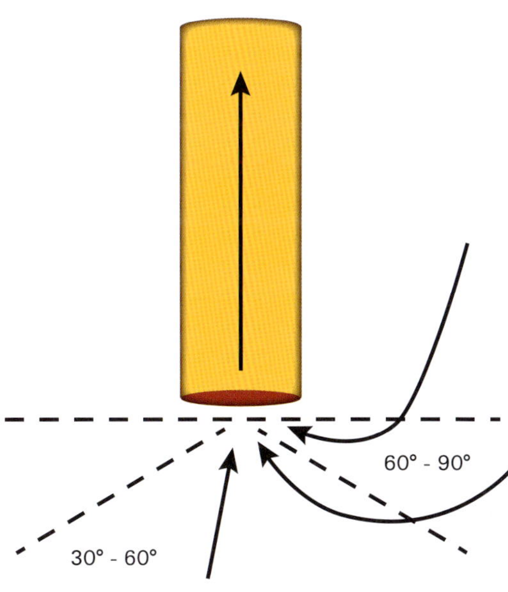

Verschiedene Eingangswinkel zum Tunnel.

Der Hund kann am geraden Tunnel jetzt wahlweise abgerufen, vorgeschickt oder begleitet werden. Der letzte Schritt zum Idealbild sind schräge Anlaufwinkel und Biegungen.

Anfangs sitzt der Hund 30° rechts oder links, später 90° und noch etwas später probieren Sie mit Ihren Hundeführern die verdeckten Tunneleingänge, bei denen der Hund quasi an der Ausgangsseite sitzt und selbstständig zum Eingang läuft.

Dabei ist es wichtig, die Position des Hundeführers ebenfalls mit zu verändern. Wenn der Hund 30° links vom Tunnel sitzt, dann kann der Hundeführer links oder rechts positioniert sein. Am Ende dieses Schritts soll der Hund auf das Kommando hin aus jeder beliebigen Position im Umkreis von fünf bis sieben Metern in den Tunnel laufen können, egal wo der Hundeführer steht.

Hier bietet es sich auch an, das Tunneleingangspiel zu spielen. Es wird ein sieben Meter Kreis um den Tunneleingang markiert. Der Trainer wirft zwei Steinchen in diesen Kreis. Er bestimmt, auf welchem Steinchen der Hund sitzen soll und der Hundeführer stellt sich auf das andere Steinchen. Von dort aus schickt er den Hund in den Tunnel. Alternativ kann auch der Hundeführer, nachdem er gelaufen ist, die zwei Steinchen für das nächste Team werfen. Dabei kann ein wenig Grundwissen zum Führen vermittelt werden. Achten Sie auf die Hand, die den Hund in den Tunnel führt, den Schritt und die Richtung der Füße des Hundeführers, achten Sie auf das Kommando, das gegeben wird und korrigieren Sie gegebenenfalls. Denken Sie auch an das Anti-Verweigerungstraining. Ein Kommando, dann muss der Hund in den Tunnel. Ansonsten setzt das Team ganz neu an und beginnt von vorn!

Der letzte Schritt beim Erlernen des festen Tunnels ist die Biegung. Der Hundeführer läuft mit dem Hund auf der linken Seite mit. Dabei liegt der Tunnel in einem leichten Bogen. Anfangs fällt noch Licht ganz durch, dann nicht mehr und am Ende der Übung bildet der Tunnel ein „U". Dabei ist es wichtig, trotzdem noch einen kleinen Kreis mit dem Hund gemeinsam zu laufen und ihn auch erst drei bis vier Meter nach dem Ende zu bestätigen.

Dasselbe Prozedere wird wie immer auf beiden Seiten gleichmäßig oft absolviert.

Gebogener Tunnel.

Das war die letzte Übungseinheit am Tunnel. Deshalb ist es Zeit, die Hundeführer zu fragen, ob alle theoretischen Fragen rund um den Tunnel geklärt sind. Stellen Sie einige theoretische Regelfragen und fassen Sie für die Teilnehmer zusammen: Ihre Hunde können den gebogenen Tunnel und den geraden Tunnel auf das Kommando hin sicher anlaufen. Dabei ist es gleichgültig, ob der Hundeführer mitläuft, abruft oder den Hund allein vorschickt.

Hürdenreihe für Sprungtechnik.

Hürde – Abrufen, Sprungtechnik und Anlaufwinkel

In dieser Einheit arbeiten Sie an der Sprungtechnik und den Anlaufwinkeln.

Aufgebaut sind drei Sprünge in einer Reihe. Für jeden Durchgang werden die Abstände zwischen 4 und 7 Metern und die Höhen zwischen bodentief und hundebrusthoch variiert. Wenn eine geeignet kleine Mauer und/oder ein Bürstensprung verfügbar ist, dürfen auch diese gern mit in die Reihe gestellt werden. Der Hund wird über diese Hürdenreihe abgerufen. Achten Sie als Trainer auf das Warteverhalten und noch mehr auf die Technik. Weisen Sie auf Hunde mit guter Technik hin. Diese krümmen den Rücken auf und senken den Kopf.

Außerdem passen sie die Sprunglänge immer so an, dass sie nicht trippeln oder zu früh springen. Wiederholen Sie so häufig, bis Sie das Gefühl haben, dass die Hunde ausreichend Gelegenheit hatten, sich auszuprobieren. Fallen bei dieser Aufgabe Stangen, erfolgt keine Belohnung.

Die letzte Aufgabe betrifft die Anlaufwinkel. Wie beim Tunnel beschrieben, werfen Sie wieder zwei Steine in einen sieben Meter Kreis rund um einen Sprung und lassen den Hund auf einem, den Hundeführer auf dem anderen starten und die Hürde absolvieren.

Gute Sprungtechnik.

Da die Hürde mit dieser Einheit abschließt, stellen Sie auch hier die Frage nach offenen Problemen und lassen Sie die Teams üben, bis die Hürde gut klappt.

Slalom 15 cm offen

Am Slalom ist die Gasse wie in der Vorwoche 15 cm weit geöffnet und die Bögen entfallen. Erneut wiederholen Sie die Abläufe: Abrufen, Schicken und Mitlaufen. Wegen der engen Gasse allerdings weder vorn noch hinten mit Eingangswinkel. Es soll stattdessen nur um die Absicherung des bisher Erreichten gehen. Machen Sie sich keine Sorgen, wenn die Hunde noch fehlerhafte Durchgänge zeigen. Achten Sie auf großzügige Belohnungen für erfolgreiche Übungen und weisen Sie die Hundeführer auf Durchgänge mit besonders gleichmäßigem Rhythmus und Technik hin.

Hausaufgabe – Außen

Bevor Sie die neue Aufgabe erklären, sollten Sie unbedingt einmal einen Belgier von jedem Team vorgeführt bekommen, um sicherzugehen, dass alles richtig verstanden und gut geübt wurde. Ich lasse auch gern einige Belgier in Folge um zwei Hütchen im Wechsel vorführen, dabei müssen die Hundeführer im Kopf schnell die Seiten wechseln. Wenn das klappt, ist der Bewegungsablauf in aller Regel sicher.

In der heutigen Stunde kommt bewusst kein neuer Wechsel dazu, denn wenn man sehr schnell hintereinander ähnliche

Übungen vermittelt, entsteht mit großer Wahrscheinlichkeit Verwirrung. Darum schieben Sie in dieser achten Woche die Übung „Außen“ dazwischen.

„Außen“ soll für unseren Hund später bedeuten: Nimm das Gerät, das du siehst, aber von der anderen Seite. Der häufigste Anwendungsfall ist eine Hürde. Später wird der Hundeführer daraus Vorteile ziehen, weil er sich für nachfolgende schwierige Situationen günstiger positionieren kann.

Unsere Teams können bereits in einem Kreis aus Hütchen geführt laufen (gestrichelte Linie im Bild). Nun stellen Sie einen zweiten Kreis, dessen Radius 2 - 3 m weiter ist, aus Hütchen auf. Anfangs soll der Hund ganz normal um die inneren Hütchen laufen. Dann erfolgt die Übung „Außen“, bei der der Hund auf das Kommando des Hundeführers einzelne Hütchen des Außenkreises umrunden soll. Der Lernweg ist derselbe wie beim Beibringen der Hütchen an sich. Anfangs muss der Hundeführer weit mitlaufen und helfen, später soll er sich innerhalb der inneren Hütchen bewegen.

Die Hundeführer haben damit schon eine ganze Menge wichtiger Dinge kennengelernt, die sie später beim Agility benötigen. Das, was sie an den Hütchen zeigen können, entspricht schon fast einem ganzen Parcours.

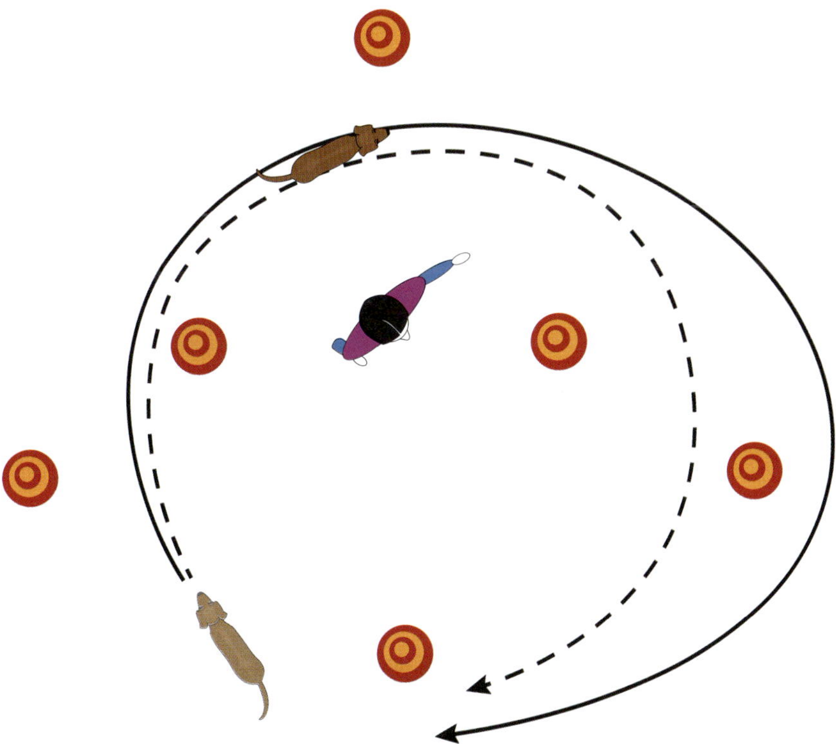

Aufbau "Außen".

Woche 8

Steg – Dynamische Zonen

In dieser letzten Stegübung wird aus den statischen Zonen dieselbe Dynamik wie zuvor auf der A-Wand. Der Hundeführer sollte am Ende der Übungsstunde in ruhigem Tempo parallel neben dem Gerät laufen können, der Hund sollte trotz Entfernung des Hundeführers selbstständig die richtige Position einnehmen und bis zum Auflösekommando halten.

Achten Sie auf die richtige Durchführung und die Kommandos. Zusätzlich können leicht schräge Aufgangswinkel geübt werden. Dazu stellen Sie links und rechts neben den Aufgang einen Marker oder einen Pfosten und erreichen so, dass der Hund immer von ganz vorn schnurgerade auf das Gerät geht. Eventuell entwickeln einige der größeren Hunde auch die Angewohnheit, den Aufgang überspringen zu wollen.

Stegaufgang

Beachten Sie auch das und helfen Sie diesen Teams mit einem Bröckchen. Dieses wird so auf den Steg gelegt, dass der Hund gerade eine Pfote auf dem Stegaufgang hat, wenn er es mit der Nase erreicht. Die Hunde, die dieses Problem haben, sollten ab diesem Moment immer und jedes Mal das Bröckchen auf der Aufstiegszone finden. Und jedes Mal in dem Moment, in dem sie es fressen, sollten sie das Kontaktzonenwort hören. So prägt sich der korrekte Ablauf ein und später, lange nach dem Schnupperkurs, kann dieses Bröckchen nach und nach verschwinden.

Klären Sie zum Schluss alle eventuellen Unklarheiten und die Theorie, bevor auch der Steg zu den fertig gelernten Geräten gehört.

Reifen – Mitlaufen

Beim Reifen soll der Hundeführer heute neben dem Gerät herlaufen. Die Schwierigkeit für den Hund ist es, seitlich den Hundeführer zu beachten und trotzdem den relativ schwierigen Reifendurchlauf richtig zu zeigen. Beliebtester Fehler ist der Hund, der dann entweder auf der Hundeführerseite komplett am Gerät vorbeimarschiert oder sich zwischen Reifen und Gestell entlang windet. Traditionell versuchen Hundeführer ohne Anleitung dann, näher an Hund und Gerät zu sein, damit sie helfen können. Sie laufen bis ins Gestell, zeigen in die Reifenmitte. Wenn der Hund dann springt, müssen sie erst mal einen Schritt rückwärtsgehen, um das Gestell zu umrunden und ihm hinterherzulaufen. Das ist falsch.

Folgende Methode vermeidet diesen Fehler:

Wie bei der A-Wand achten Sie auf korrektes Startverhalten von Anfang an. Der Hund wartet an der Startposition bis zum Gerätekommando. Zur Festigung kann gelegentlich auch ein Durchgang eingefügt werden, in dem der Hund für das Warten belohnt wird und nicht springt.

Während der Hund wartet, ist der Aufbau wie in den vorigen Einheiten zum Reifen. Der Napf steht in gerader Linie dahinter, der Hundeführer geht das Futter dort deponieren. Danach geht er zurück zum Hund und stellt sich neben ihm auf. Dabei gilt, wie oben schon erwähnt, dass er nicht in der Linie des Geräts stehen darf. Er hält so viel seitlichen Abstand zum

Reifenverweigerung beim Abstandspiel.

Hund, dass er ohne Schlenker am Gestell vorbeikommt.

Mit jedem Durchlauf wird dieser Seitenabstand erhöht. Es bietet sich dafür folgendes Spiel an: Der Trainer steckt im Abstand vom Gestell eine Startmarkierung für den Hundeführer. In gerader Linie dahinter steckt er ein Ziel. Alle Teams absolvieren das Gerät. Dann wird eine der Markierungen einen Meter weiter nach außen gestellt. Die Hunde, die die Übung korrekt absolvieren, sind eine Runde weiter. Die Hunde, die Fehler machen, gehen einen Schritt näher heran und beenden mit einem guten Durchgang. Der Abstand wird für beide Markierungen abwechselnd bei jedem Durchgang einen weiteren Meter ausgebaut, bis alle Hunde die Übung einmal verweigert haben (und danach die Gelegenheit zur Korrektur hatten).

Die Hunde bekommen so Gelegenheit, den Reifen relativ unabhängig vom Hundeführer zu absolvieren. Außerdem bekommen die Hundeführer ein Gefühl dafür, in welchem Abstand ihr Teamkollege seine Arbeit noch macht und wann man zu weit von ihm entfernt ist. Ein weiterer Vorteil dieses Spiels: Es nimmt den Hundeführern die Scheu vor Fehlern, wenn man die Übung so lange schwieriger macht, bis tatsächlich ein Fehlverhalten auftritt. Die Gelegenheit von der nächstleichteren Stufe eine Korrektur für den Hund zu machen, sichert den größtmöglichen Lernerfolg beim Hund. Er ist bis zur Grenze gegangen.

Tisch – Position festigen

Tischablenkungsmanöver

In dieser Übungseinheit verstärken Sie die Fähigkeit des Hundes, auf dem Tisch zu warten. Egal, was um ihn herum passiert. Zunächst wiederholen Sie den bekannten Ablauf: Der Hundeführer leint ab, läuft mit dem Hund gemeinsam los und gibt das Tischkommando. Der Hund springt auf das Gerät und erhält, sobald seine Pfoten die Platte berühren, das Kommando „Sitz“ oder „Platz“. Sobald er liegt, wartet der Hundeführer, zählt langsam bis zehn und wirft dann mit einem Auflösekommando das Spielzeug.

In den nächsten Durchgängen beginnen wir, den Hund mit allerlei Ablenkungsmanövern zu irritieren. Geeignete Methoden sind: Zwischen Hundeführer und Hund läuft ein anderes Team mit angeleintem Hund durch, der Hundeführer bewegt sich vom Hund weg, der Hundeführer macht ruckartige Bewegungen, ein anderes Team darf entfernt mit einem Spielzeug spielen, der Hundeführer spielt selbst mit dem Belohnungsspielzeug des Hundes, der Trainer steht direkt neben dem Tisch und wirft überraschend beide Arme in die Luft, der Hundeführer hakt eine Leine ein und versucht mit sanftem Zug den Hund zu verlocken etc. Jedes Mal, wenn der Hund einer dieser Irritationen widersteht, fliegt sofort sein Spielzeug in Verbindung mit dem Auflösekommando. Am Ende dieser Stunde sollte der Hund auf dem Tisch problemlos unter allen Umständen bleiben können.

Slalom 10 cm Bögen

Nun sollten in der schmalen Gasse auch die kleinsten Trainingsgruppenteilnehmer anfangen, ihre Hüfte zu schwingen. Erneut geht es um das Abrufen, Schicken und Mitlaufen. Erstmalig sind Eingangswinkel und Ausgangswinkel gleichzeitig schräg. Mit den inzwischen drei Varianten: Eingangswinkel links/rechts, Ausgangswinkel links/rechts, Hundeführerseite links/rechts haben Sie eine Menge neuer Möglichkeiten. Der Hund, der sich vom schrägen Eingangswinkel zum schrägen Ausgangswinkel auf derselben Seite durchrufen oder schicken lässt, hat schon einen großen Schritt zum Slalom erledigt.

Hausaufgabe – Franzose

Ein zweites Wechselmanöver. Nachdem der Belgier ja bereits bekannt ist, haben Sie es hier mit dem Franzosen zu tun.

Französischer Wechsel.

Der Ablauf für den Hund ist gleich, er läuft mit der linken Hand geführt um ein Hütchen und soll am Ende auf der rechten Hand geführt sein. Doch wo beim Belgier der Hundeführer rückwärts-seitwärts lief, läuft er beim Franzosen vorwärts. Er dreht sich im gezeigten Beispiel nicht gegen die Uhr, sondern selber wie der Hund mit der Uhr. Im Moment des Wechsels dreht der Hundeführer dem Hund dabei den Rücken zu. Um den Ablauf gut zu unterstützen, wechselt der Hundeführer als Denkhilfe hinter dem Rücken sein Spielzeug - denn dort wird der Hund laufen. Hier sind einige Trockenübungen nötig, am besten von beiden Seiten und im Wechsel mit dem Belgier.

Beim Franzosen hat es der Hundeführer einfacher, denn er läuft nur vorwärts. Dafür muss der Hund den Ablauf erst kennenlernen, denn sein Hundeführer dreht ihm komplett den Rücken zu und sieht ihn für einen Moment nicht.

Der häufigste Fehler ist, dass der Hundeführer sich zu langsam dreht. Die Bewegung muss ruckartig und schnell erfolgen. So ist der Hund nicht allzu lange ohne Beaufsichtigung.

Woche 9

Wippe – Mitlaufen

In dieser Woche wird das Festhalten des Hundes komplett abgebaut. In jeder Runde hilft der Hundeführer ein bisschen weniger, bis der Hund am Ende der Stunde die kniehohe Wippe selbstständig auf beiden Seiten geführt überwindet. Zusätzlich achtet der Hundeführer jetzt auch schon darauf, dass die Abschlusszone so gezeigt wird, wie sie beim Steg eingeübt wurde. Am Ende der Woche haben Sie dann schon eine fix und fertige Wippe in Kniehöhe.

Wippe allein arbeiten und Zone.

Weitsprung – Absichern

In der letzten Einheit des Weitsprungs werden nur bekannte Übungen wiederholt. Der Hund wurde bereits über den Weitsprung gerufen, geschickt und kennt auch das parallele Mitlaufen. Sichern Sie Ihre Teams durch diese Wiederholungseinheit ab und korrigieren Sie, falls nötig.

Neben eventuellen Fragen zur Theorie sorgt diese einfache Aufgabe ansonsten für viele positive Bestätigungen und mehr Sicherheit beim Zweibeiner, was den korrekten Ablauf der Übung betrifft.

Stofftunnel – Absichern

Eigentlich kann der Hund schon alle Aufgaben am Stofftunnel, nämlich das Mitlaufen, Abrufen und Schicken. Trotzdem benötigen Sie diese Zeit noch, um einige Faktoren zum Gerät hinzuzufügen, die der Hund noch nicht kennt. In erster Linie ist das Feuchtigkeit. Agility ist ein Ganzjahressport, und deshalb kommt es vor, dass der Stofftunnel nass ist.

Diese Situation simulieren Sie in dieser letzten Einheit, indem Sie den Tunnel zu Beginn ganz leicht anfeuchten und mit jeder Runde weiter nass machen. Der Hund sollte überschwänglich belohnt werden, wenn er trotzdem korrekt arbeitet und Sie haben so sichergestellt, dass der Hund auch unter widrigen Umständen die Übung beherrscht.

Vielleicht fragen Sie sich bei dieser Gelegenheit, warum beim Stofftunnel keine schrägen Anlaufwinkel geübt wurden? Die Erklärung ist einfach: Das schräge Anlaufen auf die Kante des Stofftunnelhäuschens hat sich in der Praxis als gefährlich erwiesen. Einige Hunde sind böse hängen geblieben, haben sich die Hüftknochen geprellt oder Schlimmeres.

Die Funktionäre haben diesen Umstand erkannt und deshalb verboten, dass im Wettbewerb der Stofftunnel schräg angelaufen werden muss. Er steht immer in einem geraden Anlaufwinkel, sodass die Gefahr verringert wird. Dieselbe Regulierung gilt übrigens auch für den Reifen, wegen des Gestells, wie auch die Mauer, wegen ihrer Seitentürme.

Weil diese Woche der letzte Baustein zum Stofftunnel war, sollten noch eventuelle Fragen zur Theorie geklärt werden. Stellen Sie Ihren Teilnehmern einige Fragen zum Regelwerk und fassen Sie zusammen, was die Hunde gelernt haben. Vergleichen Sie das mit dem Idealbild.

Nasser Stofftunnel.

Slalom 10 cm mit Bögen

In dieser Woche wiederholen Sie die Übungen der Vorwoche. Es kommt keine Veränderung dazu, stattdessen nutzen Sie die Zeit, um die vorhandenen Eingangs- und Ausgangswinkel abzusichern und dem Hund Gelegenheit zu geben, an der Technik zu arbeiten. Sie werden bemerken, dass jeder Hund einen eigenen Stil entwickelt. Einige stellen nur einzelne Pfoten auf jede Seite, einige halten beide Vorder- und Hinterpfoten zusammen. Das ist je nach Körperbau und Vorlieben des Hundes unterschiedlich und es ist für Sie als Trainer und natürlich auch für den Hundeführer eine spannende Erfahrung zu beobachten, wie diese Technik langsam ausreift. Interessant wird es, wenn Sie die Hundeführer bitten, einmal selbst so schnell wie möglich durch die Gasse zu laufen. Erst dabei wird vielen bewusst, wie kompliziert es ist, die Bewegungen nach seitwärts und den Vorwärtsschwung zu koordinieren.

Hausaufgabe – Kreuzen

Die letzte Führübung des Schnupperkurses ist ein Wechsel, den Anfänger sonst häufig als Erstes lernen. Doch ich halte es für sinnvoller, erst die Dinge zu zeigen, die zwar für den Hundeführer anspruchsvoller sind, dafür aber dem Hund leicht fallen. Damit ist schon gesagt: das Kreuzen ist für den Hundeführer eine sehr leichte Übung, für den Hund kann das Ganze allerdings knifflig sein.

In der Skizze ist zu sehen, was der Hund für einen Weg nehmen soll. Er soll auf dem altbewährten Hürdenkreis vor einem Hütchen in Richtung Hundeführer nach innen kommen und dann auf ein besonderes Handzeichen hin weg vom Hundeführer drehen und die Richtung wechseln.

Auf der Fotoreihe rechts wird diese besondere Bewegung gezeigt. Der hundnahe Arm des Hundeführers senkt sich, der Hund nähert sich, dann dreht sich der hundnahe Arm und der Körper des Hundeführers in die neue Richtung und der Hund zeigt ein Außen. Bei vielen Hunden klappt das von allein ohne große Vorübungen. Achten Sie darauf, dass Ihre Hundeführer nur den Arm auf der Seite des Hundes verwenden und sich selbst wie im Foto mitdrehen.

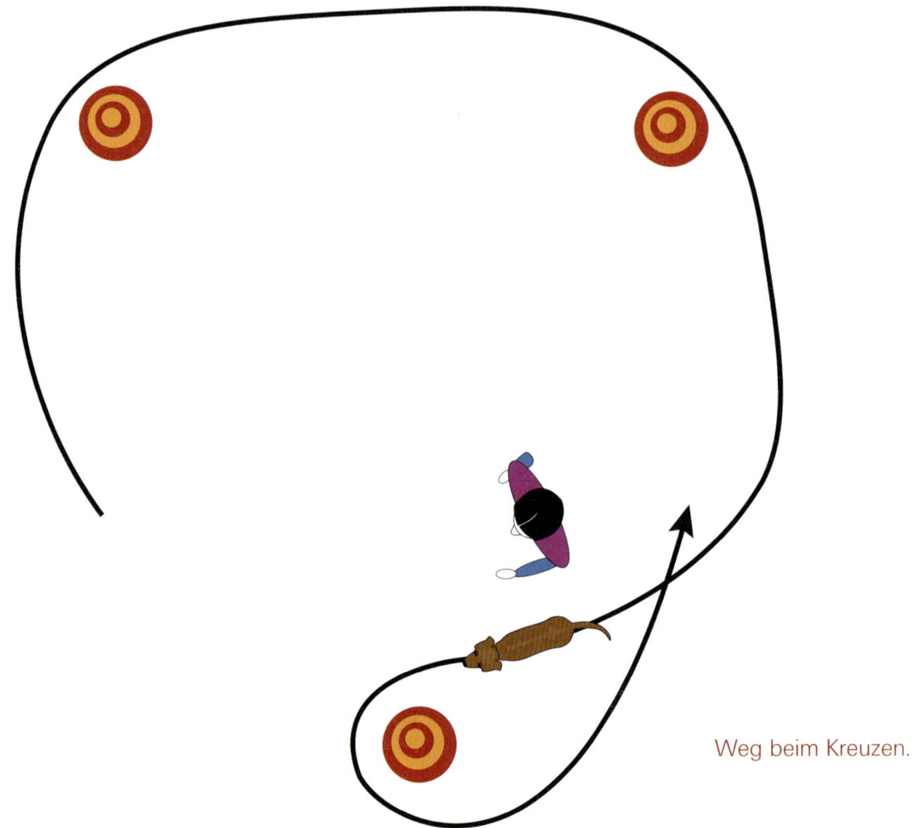

Weg beim Kreuzen.

Woche 10

Wippe – Absichern

In dieser Einheit üben Sie weiter an der kniehohen Wippe und perfektionieren den Ablauf. Warten auf die Freigabe, zügiges Überqueren, gute Kontaktzonenarbeit.

Wer Lust hat, legt über das Brett eine Decke, um dem Hund ein anderes Gefühl unter den Pfoten zu vermitteln. Auch ein Blech unter dem aufkommenden Punkt, um das Geräusch zu verändern oder ein Gewicht am Ende, um den Kipppunkt zu variieren, ist denkbar. Es geht darum, den Teams Erfahrung und Sicherheit an diesem Gerät zu vermitteln.

Wippe mit Decke und Klapperboden.

Am Ende der Arbeit an der Wippe vergleichen Sie die Arbeit Ihrer Teams mit dem Idealbild. Bedenken Sie dabei, dass die Wippe, gemeinsam mit Reifen und Slalom, zu den schwierigsten Geräten gehört.

Reifen – Absichern

In der letzten Reifeneinheit werden die vier Übungen: Abrufen, Schicken und Mitlaufen auf beiden Seiten perfektioniert. Versuchen Sie den Seitenabstand zu erhöhen und verändern Sie auch die Optik des Geräts ein wenig. Falls Sie keinen anderen Reifen haben, können Sie ihn mit etwas umwickeln oder etwas ins Gestell hängen. Lassen Sie die Teams generalisieren.

Und natürlich fassen Sie auch die Theorie zusammen und gehen mit Ihren Teilnehmern gemeinsam das Idealbild durch.

Tisch – Absichern

Auch in der letzten Einheit am Tisch ändern Sie ein paar Umgebungsfaktoren. Auf jedem Platz ist der Tisch anders. Deshalb benötigen Sie für diese Übung einen neuen Untergrund auf dem Tisch. Eine rutschfeste Matte, eine raue Decke, ein genopptes Plastik oder ähnliches eignen sich gut. Das Material darf allerdings selbst nicht hin und her rutschen. Es muss also gut befestigt werden. Mit diesem veränderten Tisch wiederholen Sie die Standardübung: Hund und Hundeführer laufen auf das Gerät zu, der Hund springt auf das Kommando hoch und auf ein weiteres Kommando zeigt er „Sitz" oder „Platz", bevor nach fünf Sekunden das Auflösekommando und das Spielzeug folgen. Es sollten übrigens nicht immer exakt zehn Sekunden sein, damit kein Automatismus daraus wird. Mal sind es drei, mal elf, so kann der Hund nie wissen, wann die Übung endet und wartet auf das Kommando. Auch darf der Hund gern von einigen Metern Entfernung vorausgeschickt werden. So bleibt die Übung spannend.

Wenn der Hund die Übung auch mit anderem Untergrund problemlos zeigt, dann sollten Sie zum Schluss noch eine nasse Tischoberfläche ausprobieren. Wie schon beim Stofftunnel erklärt, finden Agilitytrainings und Turniere auch bei Regen statt. Deshalb sollte der Hund auch mit diesem Umstand vertraut gemacht werden.

Schließlich wiederholen Sie mit Ihren Hundeführern noch kurz die theoretischen Regeln und vergleichen gemeinsam mit ihnen das Idealbild mit dem Verhalten, das die Hunde bereits zeigen.

Slalom 10 cm offen

In der letzten Stunde nehmen Sie noch einmal alle Hilfsmittel weg. Es sollte für die meisten Hunde möglich sein, in einer 10 cm Gasse ohne Hilfsmittel Abrufen, Schicken und Mitlaufen zeigen zu können.

Wiederholen Sie auch die Theorie noch einmal und beantworten Sie alle Fragen. Betrachten Sie gemeinsam mit Ihren Teilnehmern das Idealbild und denken Sie an die allererste Stunde mit der einen halben Meter breiten eingezäunten Gasse zurück. Schieben Sie am Ende der Stunde die Gasse auf 50 cm, das ist sehr eindrücklich. Es ist Zeit sich darüber zu freuen, wie viel die Hunde in der kurzen Zeit erreicht haben, selbst wenn noch nicht alle Durchgänge fehlerfrei klappen.

Hausaufgabe – Wechsel wiederholen

Als Hausaufgabe gehen Sie noch einmal alle Führübungen durch, die Sie mit den Teilnehmern im Laufe des Kurses erarbeitet haben. In der letzten Woche sollen sie diese Wechsel durcheinander üben und absichern, damit sie am Abschlusstag damit einen kompletten Parcours lösen können.

Abschlussveranstaltung

Mit dem Abschlussturnier endet der Schnupperkurs. In einem Wettbewerb werden alle gelernten Dinge noch einmal ins Gedächtnis zurückgeholt und geballt merken Hundeführer und Trainer, wie viel Neues sie gelernt haben. Ich teile die Aufgaben wie folgt auf, aber das kann in Ihrem Kurs je nach Schwerpunkt auch anders sein. Lassen Sie Aufgaben weg, oder erfinden Sie andere, gewichten Sie anders - es ist Ihr Kurs und der Abschluss darf gern individuell sein.

Ich beginne mit den Kontaktzonen. Jeder Hundeführer muss mit seinem Hund einmal links und einmal rechts geführt A-Wand, Steg und Wippe vorführen. Dabei vergebe ich einen Punkt für das korrekte Überwinden nach dem Reglement (also ohne Verweigerungen und Fehler).

Einen weiteren Punkt vergebe ich, wenn der Hundeführer alles so gemacht hat, wie er es im Kurs gelernt hat, also wenn die Kommandos alle und im richtigen Moment gegeben wurden und die richtigen Handzeichen verwendet wurden.

Und einen dritten Punkt vergebe ich für den Ablauf. Hat der Hund brav auf sein Startkommando gewartet? Wurde er im Ziel richtig belohnt? Waren Hund und Mensch ein Team?

Pro Durchgang kann das Team also insgesamt drei Punkte holen, das sind sechs pro Gerät und insgesamt 18 an allen Zonengeräten.

In der zweiten Aufgabe frage ich alle Geräte ab, die mit Springen und Durchlaufen zu tun haben. Ich vergebe an jedem Gerät je einen Punkt für die Übung Abrufen, Schicken und Mitlaufen links und rechts. Beim Abrufen bewerte ich auch, dass der Hund allein wartet bis zum Kommando, beim Schicken steht wie im Kurs der Napf hinter dem Gerät. Insgesamt gibt es je vier Punkte zu holen für die Geräte Hürde, Weitsprung, Reifen, gerader Tunnel, Stofftunnel und den Slalom. Zusammen also 24 Punkte.

Die Aufgabe 3 fragt den Tisch ab. Aus dem Laufen heraus soll der Hund auf den Tisch springen, dort warten, während der Hundeführer einen Pfosten umrundet und ihn dann zu einem zweiten Pfosten hin abruft. 2 Punkte vergebe ich, wenn das fehlerfrei klappt, 2 weitere, wenn das auch noch schnell passiert.

In der letzten praktischen Aufgabe 4 soll der Hund durch einen Parcours gesteuert werden. Ich vergebe vier Punkte für jedes gelungene Manöver. Der Parcours besteht aus dem Startritual, einem Belgier, einem Franzosen, einem Kreuzen und dem Außen.

Die fünfte Aufgabe findet dann nach dem Abbauen und Versorgen der Hunde statt. Ich lasse ein Glas mit Zettelchen herumgehen. Jeder zieht eines und liest laut die beschriebene Parcourssituation vor. Beispielsweise „Der Hund berührt im Sprung eine Stange, die fällt herunter" oder „Der Hund läuft unter einer Hürde durch und wedelt dabei die Stange herunter". Anschließend muss der Hundeführer bewerten, ob die Situation ein Fehler ist, eine Verweigerung, eine Disqualifikation oder ob überhaupt nichts Fehlerhaftes daran zu finden ist. Ich lasse jeden insgesamt fünf Zettel lesen und beantworten und gebe vier Punkte für jede richtige Antwort.

Jeder Teilnehmer rechnet seine ergatterten Punkte zusammen und dann veranstalte ich eine Siegerehrung. Bei mir dürfen alle Teilnehmer aus einer Geschenkekiste ein kleines Andenken aussuchen, dabei beginnen die mit den meisten Punkten.

Der Abend klingt danach mit einem gemütlichen Teil und Feedback aus.

Ich wünsche Ihnen von Herzen, dass auch in Ihrem Kurs diese Abende in so netter Erinnerung bleiben und mit Hilfe dieses Schnupperkurses viele neue Agilityfans geboren werden.

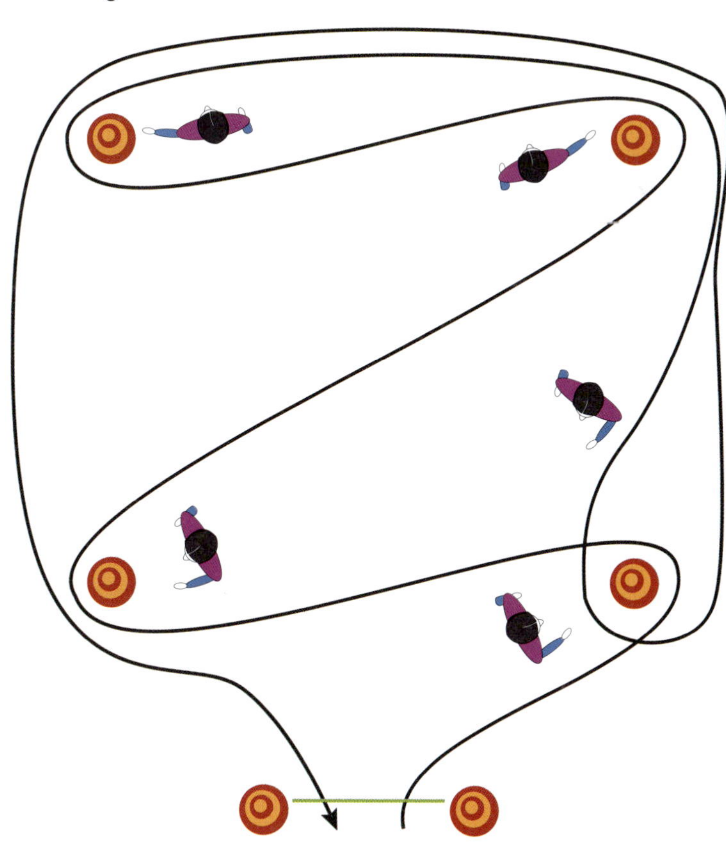

Das Trainingstagebuch

Das Trainingstagebuch ist das Arbeits- und Begleitbuch für die Teilnehmer Ihres Agilitykurses passend zu diesem Buch. Es fasst die zehn Lektionen und die Idealbilder für die Aufgaben kurz zusammen und gibt dann pro Wochenhausaufgabe Raum für eigene Trainingsnotizen und Anmerkungen. Die Teilnehmer können ihre eigenen Trainingsfortschritte, aber auch -probleme so besser dokumentieren und später mit Ihnen als Trainer besprechen. Außerdem haben sie die Aufgaben als Erinnerungsstütze damit immer zur Hand.

Wir empfehlen, jedem Teilnehmer zu Beginn Ihres Kurses ein Trainingstagebuch auszuhändigen.

64 S., Spiralbindung, **9,95 €***

*Rabatte bei Abnahme höherer Stückzahlen

Artikelnr. 204 - 70000

Bestellbar bei:

www.kynos-verlag.de

per Mail: **bestellung@kynos-verlag.de**

oder telefonisch unter: 06592 9573890

Kurskonzept

Die Methode, die wir in unserem Kurs verwenden, nennen wir die Idealbildmethode. Eigentlich ist sie nichts Neues, vielleicht haben Sie diesen Ansatz schon viele Male unbewusst verwendet. Im Folgenden ist erklärt, worauf es dabei ankommt.

Idealbild

Am Anfang jeder Aufgabe steht eine Vorstellung dessen, was am Ende erreicht werden soll. Als Beispiel nehmen wir folgende Situation: Ihr Hund sitzt neben Ihnen und soll sich hinlegen. Wie sähe da das Idealbild aus? „Der Hund legt sich hin." Nein! Viel zu ungenau. Das ist nicht, was Sie trainieren wollen. „Der Hund legt sich schnell und gerade hin?" Besser, aber noch lange nicht ausreichend. Bei der Formulierung des Ziels kommt es auf jedes Detail an. Wer nicht weiß, was genau er üben möchte, kann nicht erfolgreich sein. Ein guter Ansatz wäre: „Ich gebe das Kommando Platz. Sofort danach springt der Hund mit beiden Vorderpfoten in die Luft, streckt sie gerade nach vorn und landet blitzschnell in einer Sphinxposition gerade neben mir. Er bleibt so, bis ich etwas Neues kommandiere."

Teilschritte

Im zweiten Schritt zerlegen Sie diese Beschreibung in einzelne Anforderungen. Zunächst bringen Sie dem Hund bei, sich hinzulegen. Wenn der Hund dieser ersten Anforderung zuverlässig Folge leistet, verlangen Sie mehr: Er legt sich beidpfotig hin. Wenn das klappt, wollen Sie, dass er sich blitzschnell hinlegt. Danach belohnen Sie nur noch, wenn er ganz exakt mittig wie eine Sphinx liegt. Und zum Schluss bauen Sie den Zeitraum aus, in dem er diese gespannte Haltung beibehält. Natürlich üben Sie mit vielen Variationen, also mit unterschiedlichen Untergründen, an verschiedenen Orten, mit

Steckbriefe zu den Geräten

Wand

Idealbild

Die Übung beginnt, wenn Sie das Kommando für die A-Wand geben. Der Hund läuft zielstrebig auf die Wand zu, berührt auf der aufsteigenden Seite die Zone und läuft zügig über den Giebel auf die gegenüberliegende Seite. Dabei nimmt er den Schwung des Laufens mit. Er zögert nicht und bleibt in einem gleichmäßigen Laufrhythmus. Etwa auf Höhe des Giebels geben Sie ein weiteres, anderes Kommando für die Kontaktzone. Der Hund nimmt das Tempo daraufhin selbstständig so weit zurück, dass er am unteren Ende der Rampe zum Halten kommt. Das tut er unabhängig von Ihnen. Er hält so an, dass seine Vorderpfoten im Gras und seine Hinterbeine noch auf der Rampe sind. Er verlässt erst nach dem Freigabekommando diese Position.

Mögliche Hörzeichen

- Für das Gerät selbst: A-Frame, Wand, Rüber, Auf, Hoch …
- Für das Anhalten auf der Zone: Zone, Warte, Spot, Touch, Halt, Tack …
- Für das Auflösen der Zone: O.k., Fertig, Jawoll, Ab, Go, Weiter …

Lektion 1 Hausaufgabe Kontaktzonen

Wochentag		
Zahl der Durchgänge		
Wie lange habe ich geübt?		
Beherrscht die Übung: noch gar nicht		
Beherrscht die Übung: manchmal		
Beherrscht die Übung: perfekt		
Beim nächsten Üben möchte ich besonders darauf achten, dass …		

Fazit der Mitte der Woche: (Bedenken, Stimmung, Wetter, verwendete Kommandos)

Lektion 1 Hausaufgabe Kontaktzonen

Wochentag		
Zahl der Durchgänge		
Wie lange habe ich geübt?		
Beherrscht die Übung: noch gar nicht		
Beherrscht die Übung: manchmal		
Beherrscht die Übung: perfekt		
Beim nächsten Üben möchte ich besonders darauf achten, dass …		

Fazit der letzten zwei Tage der Woche: (Bedenken, Stimmung, Wetter, verwendete Kommandos)

Index

U

V

W

Z

Damm, Werner

Agility für Fortgeschrittene

Erfolgreich führen mit Körpersprache

Das Zauberwort zur klaren Verständigung mit dem Hund aus der Distanz heißt Körpersprache bewusst und effektiv einsetzen können, um den Hund schnell und sicher durch den Parcours zu steuern.

Mit Parcoursskizzen und Beschreibungen von Hinderniskombinationen.

Mit zwei neuen Kapiteln zum Kontaktzonentraining und zum Slalomtraining mit dem Clicker.

3. Erweiterte Auflage 2012

Hardcover, 160 Seiten, durchgehend farbig,
ISBN: 978-3-942335-89-8 19,95 €

Nicole Wilde

Menschentraining für Hundetrainer

Wie man mit Hundehaltern als Kunden umgeht

"Die Hunde sind ja eigentlich nicht das Problem. Aber die Menschen!"

Wenn Sie als Hundetrainer je diesen Satz geseufzt haben, ist dies genau das richtige Buch für Sie. Denn im Grunde genommen trainieren Sie nicht Hunde, sondern Hundehalter – indem Sie ihnen zeigen, wie sie mit ihrem Hund weiterarbeiten müssen.
So werden in Ihren Stunden bald nicht nur die Hunde, sondern auch deren Menschen motiviert und begeistert mitarbeiten.

Paperback, 96 Seiten, s/w-Illustrationen
ISBN: 978-3-938071-04-5 14,90 €

Fordern Sie jetzt unseren Katalog mit rund 300 weiteren Hundebüchern an unter:

Kynos Verlag Dr. Dieter Fleig GmbH
Konrad-Zuse-Straße 3
54552 Nerdlen/Daun
Tel.: 06592-957389-0
bestellung@kynos-verlag.de

Oder besuchen Sie unseren Shop:

www.kynos-verlag.de